U0221548

首席数据官

理论与实践

人民数据研究院◎编著

人民日报出版社

北京

图书在版编目(CIP)数据

首席数据官：理论与实践 / 人民数据研究院编著.
— 北京：人民日报出版社，2024.2
ISBN 978-7-5115-8154-9

Ⅰ.①首… Ⅱ.①人… Ⅲ.①数据管理—研究 Ⅳ.
①TP274

中国国家版本馆CIP数据核字（2024）第017576号

书　　名：首席数据官：理论与实践
　　　　　SHOUXI SHUJUGUAN: LILUN YU SHIJIAN
作　　者：人民数据研究院

出 版 人：刘华新
责任编辑：蒋菊平　徐　澜
版式设计：九章文化

出版发行：人民日报出版社
社　　址：北京金台西路2号
邮政编码：100733
发行热线：（010）65369509　65369527　65369846　65369512
邮购热线：（010）65369530　65363527
编辑热线：（010）65369528
网　　址：www.peopledailypress.com
经　　销：新华书店
印　　刷：大厂回族自治县彩虹印刷有限公司
法律顾问：北京科宇律师事务所　（010）83622312

开　　本：880mm×1230mm　1/32
字　　数：117千字
印　　张：6.875
版次印次：2024年11月第1版　　2025年1月第4次印刷

书　　号：ISBN 978-7-5115-8154-9
定　　价：38.00元

如有印装质量问题，请与本社调换，电话（010）65369463

序

党的十八大以来，党中央、国务院高度重视发展数字经济，实施网络强国战略和国家大数据战略，拓展网络经济空间，支持基于互联网的各类创新，推动互联网、大数据、人工智能和实体经济深度融合，建设数字中国、智慧社会，推进数字产业化和产业数字化，打造具有国际竞争力的数字产业集群，取得重要进展和显著成效。

如今，数据作为一种重要的战略资产，对数字经济发展的影响日益凸显。自党的十九届四中全会首次将数据纳为生产要素，党的十九届五中全会再次确立数据要素的市场地位以来，各省市陆续出台数据要素市场相关政策、规划、制度文件，各类市场服务机构积极探寻数据新技术、新服务、新产品，开放高效的数据要素市场生态体系建设进入加速期。

随着数据逐渐成为促进社会经济增长的重要动能，数据的价值因技术进步而不断提升，首席数据官（CDO，Chief Data Officer）——以数据为中心的新型组织高层管理角色开始出现在产业界、公共部门，并逐渐发挥重要作用，产生积极影响。

数据是形成新质生产力的优质生产要素。目前，我国虽然已有企业设立了首席数据官，多个地方政府也在试点设立首席数据官，但首席数据官还是一个新兴岗位，首席数据官制度尚处于起步阶段，需进一步实践探索并加以完善。

数字化浪潮的发展背景下，《首席数据官：理论与实践》一书的出版恰逢其时。编写本书的主要团队"人民数据"作为人民网旗下探索数据的理论与实践平台，已为业界开展了多期首席数据官训练营。本书通过生动的实践案例和业内专家学者视角，深入分析探讨了数据要素的应用与发展，首席数据官的实践基础、职能、在企业和公共部门中发挥的积极作用，以及未来在数据产业中的发展前景、人才培养模式等，使读者对数字经济时代的发展趋势及应对有更清晰的认识。

相信《首席数据官：理论与实践》能为读者带来"从实践到认识、从认识到实践"的启发性思考，了解首席数据官的定位、作用和面临的挑战。希望本书的出版，能够为数据领域的决策者、从业者和相关领域的人才培养提供有益的参考，成为探索数据领域新兴职业的一大窗口。

是为序。

人民网董事长、

传播内容认知全国重点实验室主任

目录

第二篇 数据治理演变

第三章 首席数据官的演变进程 / 057

第三篇　数据管理趋势

第六章　探索中的首席数据官工作机制 / 149

第七章　在推动数据安全合规中发挥首席数据官作用 / 165

第一篇

数字经济时代

第一章
数字经济时代首席数据官的发展背景

推动完善首席数据官制度，加快企业首席数据官人才队伍培养，是推动数字经济和实体经济融合发展的重要举措，也是推动新发展格局下数字经济高质量发展的必然要求。党的十八大以来，数据要素市场基础设施及交易环境日益完善，数据作为新型生产要素对生产、流通、分配、消费活动和经济运行机制、社会生活方式、国家治理模式等产生了重要的影响。在此背景下，以首席数据官为代表的新职业不断涌现。但数据要素市场仍存在数据流通机制不健全、市场参与者动力欠缺、数据资产入表实施面临挑战等问题。如何开发、利用、共享、保护数据，让数据真正发挥价值，也成为首席数据官需要解决的重要问题之一。

第一节　新型数据生产要素蓬勃发展

生产要素指进行社会生产经营活动时所需要的各种社会资源，是维系国民经济运行及市场主体生产经营过程中所必须具备的基本因素。它随着人类社会发展而不断变化，反映着人类社会不同发展阶段的生产力水平。当前，人类社会已经步入数据驱动的数字经济时代。数据规模爆发式增长，在数字经济发展中的地位和作用凸显，对传统生产方式变革具有重大影响，催生新产业新业态新模式，成为驱动经济社会发展的关键生产要素。[①]

随着数据在社会中扮演的角色越来越重要，如何进行有效的数据管理，让数据真正发挥价值，成为当前亟须解决的问题之一。首席数据官有助于推进数字政府建设，加强数据资源管理，提升相关部门指导监督能力，

[①]　李广乾.如何理解数据是新型生产要素［N］.经济日报，2022-12-20（12）.

提高全民数字思维素养，促进行业人才队伍建设，真正实现数据管起来、用起来、活起来，助推大数据产业的蓬勃发展。

一、数字经济规模突破50万亿元

当前，数字化浪潮正席卷全球，融入经济社会发展的方方面面，其发展速度之快、辐射范围之广、影响程度之深前所未有，正推动生产方式、生活方式和治理方式的深刻变革。《数字中国发展报告（2023年）》显示，我国数据产量保持快速增长态势。2023年，全国数据生产总量达32.85ZB，同比增长22.44%。截至2023年底，全国数据存储总量为1.73ZB。2023年移动互联网接入总流量为0.27ZB，同比增长15.2%。[1]

数据作为新型生产要素，为数字经济的发展提供了强大动力，使其成为我国经济高质量发展的关键力量和稳增长促转型的重要引擎。《中国数字经济发展研究报告

---

[1]　数字中国发展报告（2023年）[R/OL].（2024-06-30）[2024-09-05].https://www.digitalchina.gov.cn/2024/xwzx/szkx/202406/P020240630600725771219.pdf.

（2023年）》指出，随着数字中国的走深走实，数字经济总体规模一路向上，从2017年的27.2万亿元，跃迁到2021年的45.5万亿元，并于2022年首次突破50万亿元大关，达到50.2万亿元。同时，数字经济占GDP比重也从2017年的32.9%扩大到2022年的41.5%。

与此同时，数字中国建设在数字基础设施等方面取得了显著成效。数字基础设施规模大幅提升。截至2023年底，我国5G基站数达337.7万个，占移动电话基站数已近三分之一，平均每万人拥有5G基站24个，较上年末提高7.6个；我国移动网络终端连接总数达40.59亿户，其中蜂窝物联网终端用户数达23.32亿户，占移动终端连接数比重达到57.5%，处规模化爆发期；数据中心机架数达97万架，比上年末净增15.2万架，可对外提供的公共基础算力规模超26EFlops(每秒万亿亿次浮点运算)；围绕国家算力枢纽、数据中心集群布局新建约130条干线光缆，启动400G全光省际骨干网建设，实现云、算力网络的高效互通。

数字政务协同服务能效大幅提升。从2012年到2022年，我国电子政务发展指数国际排名从78位上升到43位，是上升最快的国家之一；国家电子政务外网实现地市、县级全覆盖，乡镇覆盖率达96.1%；全国一体化政务服务平台实名注册用户超过10亿人，实现1万多项高频应用的标准化服务，大批高频政务服务事项实现"一网通办""跨省通办"，有效解决，市场主体和群众办事难、办事慢、办事繁等问题。

数字社会建设推动优质服务资源共享。截至2024年6月，我国网民规模近11亿人（10.9967亿人），互联网普及率达78.0%。国家教育数字化战略行动全面实施，国家智慧教育公共服务平台正式开通，建成世界第一大教育教学资源库；数字健康服务资源加速扩容下沉，地市级、县级远程医疗服务实现全覆盖，全年共开展远程医疗服务超过2670万人次。

数字生态文明建设促进绿色低碳发展。2023年，不少地方正在积极部署，引入绿色低碳技术和产品，加大可再生能源利用，加快绿色数据中心建设。《上海市推进算力资源统一调度指导意见》提出，到2025年，新建数据中心绿色算力占比超过10%；集聚区新建大型数据中心综合PUE降至1.25以内，绿色低碳等级达到4A级以上。宁夏凭借绿电优势，预计到2025年宁夏中卫绿色数据中心集群PUE平均值不高于1.2，可再生能源利用率达到65%。

数字技术创新能力持续提升。截至2023年底，国内

（不含港澳台）发明专利有效量为401.5万件，同比增长22.4%，首次超过400万件。其中，信息技术管理方法、计算机技术和基础通信程序是我国国内有效发明专利增速前三的技术领域，分别同比增长59.4%、39.3%和30.8%，远高于国内平均增长水平。这表明我国在数字技术领域保持了较高的创新热度，为数字经济高质量发展持续赋能增效。

二、数据相关政策规划密集出台

党的十八大以来，我国对数据要素市场的建设投入和培育力度持续加大。从2012年《"十二五"国家战略性新兴产业发展规划》及后续配套政策的出台，培育壮大了数字经济相关产业基础和市场主体，到2019年党的十九届四中全会首次将数据增列为新的生产要素，再到2020年《中共中央 国务院关于新时代加快完善社会主义市场经济体制的意见》，2021年《"十四五"大数据产业发展规划》《中华人民共和国数据安全法》《建设高标准市场体系行动方案》《要素市场化配置综合改革试点总体方案》，2022年《"十四五"数字经济发展规划》《中共中央 国务院关于加快建设全国统一大市场的意见》《中共中央 国务院关于构建数据基础制度更好发挥数据要素作用的意见》，2023年《数字中国建设整体布局规划》《企业数据资源相关会计处理暂行规定》及国家数据局成立等一系列文件、规划的相继落地，对党和国家充分发挥数据要素价值作出重要部署。这些政策举措与制度安排，形成了大数据产业与数据要素市场的顶层设计和方向性指引，为加快发展数字经济提供制度保障。

表1-1　数据相关政策规划演进过程

年　份	政策、规划和指导意见
2012	《"十二五"国家战略性新兴产业发展规划》
2014	"大数据"首次被写入《政府工作报告》
2015	《促进大数据发展行动纲要》 《国务院办公厅关于运用大数据加强对市场主体服务和监管的若干意见》 《国务院关于促进云计算创新发展培育信息产业新业态的意见》 《关于积极推进"互联网+"行动的指导意见》 《中国制造2025》
2016	《中华人民共和国国民经济和社会发展第十三个五年规划纲要》 《大数据产业发展规划（2016—2020年）》
2017	党的十九大报告提出"推动互联网、大数据、人工智能和实体经济深度融合"
2018	《科学数据管理办法》
2019	《中共中央关于坚持和完善中国特色社会主义制度　推进国家治理体系和治理能力现代化若干重大问题的决定》

续表

年　份	政策、规划和指导意见
2020	《中共中央　国务院关于构建更加完善的要素市场化配置体制机制的意见》 《中共中央　国务院关于新时代加快完善社会主义市场经济体制的意见》
2021	《中华人民共和国国民经济和社会发展第十四个五年规划和2035年远景目标纲要》 《"十四五"大数据产业发展规划》 《中华人民共和国数据安全法》 《建设高标准市场体系行动方案》 《要素市场化配置综合改革试点总体方案》
2022	《"十四五"数字经济发展规划》 《中共中央　国务院关于加快建设全国统一大市场的意见》 《中共中央　国务院关于构建数据基础制度更好发挥数据要素作用的意见》
2023	《数字中国建设整体布局规划》 《企业数据资源相关会计处理暂行规定》、国家数据局成立
2024	《"数据要素×"三年行动计划（2024—2026年）》 《促进和规范数据跨境流动规定》

1.市场主体壮大，激活数据要素市场活力

市场主体是经济发展的力量载体和动力源泉。加快培育、壮大市场主体，对扩大市场需求、优化市场供给并激发市场活力和价值创造力具有重要且积极的意义。从政策演进过程来看，2012年《"十二五"国家战略性新兴产业

发展规划》及后续配套政策的出台，为数字经济相关产业基础和市场主体的培育与壮大创造了良好的条件。其中，鼓励大数据、物联网、信息技术等数字经济产业相关主体及先进技术工具发展的政策，有助于培育数字经济领域相关新产业、新业态和新模式，推动数字经济快速平稳发展。2014年3月，"大数据"首次被写入《政府工作报告》，逐渐成为各级政府关注的热点；2015年，《促进大数据发展行动纲要》《国务院办公厅关于运用大数据加强对市场主体服务和监管的若干意见》《国务院关于促进云计算创新发展培育信息产业新业态的意见》《关于积极推进"互联网+"行动的指导意见》《中国制造2025》等促进数据要素基础产业发展和应用建设的规划方案及指导意见相继出台，为释放数据要素市场活力和价值创造了条件。[①]

2.大数据产业支撑体系日趋完善，明确数据要素价值地位

"十三五"期间，大数据产业从培育期进入加速发

---

① 大数据白皮书（2022年）[R/OL].（2023-01-04）[2023-10-11].
http://www.caict.ac.cn/kxyj/qwfb/bps/202301/P020230104388100740258.pdf?eqi
d=ec43396d0034dbe20000000664310065.

展期，产业规模年均复合增长率超过30%，并在2020年超过1万亿元，成为支撑我国经济社会发展的优势产业。[①]其间，国家出台了若干政策措施，来扶持大数据产业发展。2016年通过的《中华人民共和国国民经济和社会发展第十三个五年规划纲要》与《"十四五"大数据产业发展规划（2016—2020）》等政策，要求完善大数据产业支撑体系，合理布局大数据基础设施建设，构建大数据产业发展公共服务平台，建立大数据发展评估体系，为促进数据要素的交易和流通、扩大数据要素市场规模创造良好的产业发展环境。同时，各地出台一系列涉及数字经济和大数据产业的行动计划，鼓励市场主体培育新业态、新模式，不断拓展产业边界，扩大数据化应用场景，进一步激活数据要素潜能，释放数据要素市场潜力。

随着数据要素市场基础的不断完善，党的十九大报告提出，"推动互联网、大数据、人工智能和实体经济深度融合"。2018年《科学数据管理办法》又把确保数据安全放在首要位置，突出科学数据共享利用这一重点，创新体制机制，聚焦薄弱环节，以加强和规范科学数据

[①] 郑新钰.大数据产业如何迈上3万亿元新台阶［N].中国城市报，2021-12-13（14）.

管理。2019年10月，党的十九届四中全会首次将数据增列为新的生产要素，体现了对大数据驱动作用的充分肯定。大数据在经济社会生活中发挥的作用越来越明显，数据要素对提高生产效率和推动技术进步产生了深远的影响。2023年，国家数据局正式组建，有利于强化数据要素制度供给，构建数据流通体系，激活数据生产力，对构建新发展格局、建设现代化经济体系、构筑国家竞争新优势具有重大意义。

第二节　数据要素的应用与发展

一、数据要素引领行业变革

当今世界，数据的价值在各行各业中越发凸显。数据作为新型生产要素，是数字化、智能化的基础，正在引领行业变革的浪潮。从电子政务的数据共享利用到金融领域的风险评估，从制造业的流程优化到能源行业的智能发展，从交通运输的科学研判到通信服务的数据中心基座，数据要素正成为各行业创新与竞争的关键因素，在加快新型数字化基础设施建设、积极开发利用公共数据资源、推进产业数字化转型升级等方面扮演着重要的角色。

在数字经济时代，首席数据官的地位愈加突出。他们不仅是数据的管理者，更是业务智能的引领者，在确保数据的质量、安全和合规性的同时，为各行业提供了关键的统筹决策支持，推动各行各业高质量发展。

1.新型数字化基础设施建设加快

数字化基础设施作为数字经济的坚实底座，在推进数字技术与行业的深度融合、激活数据要素潜能方面发挥着重要的作用。数字基础设施主要涉及5G、数据中心、云计算、人工智能、物联网、区块链等新一代信息通信技术。其中，5G融合应用已在工业、医疗、教育、交通等多个行业领域发挥赋能效应，拉动了多个行业应用场景和商业模式的快速迭代，促进产业生态系统更加丰富。通过打造"双千兆城市"，形成"千兆入户、万兆入楼"的光纤覆盖格局；实施光缆扩容、智能管道新建工程，超前建设集约共享的通信管道网络，进一步提速互联网骨干直联点。推进 5G 网络及商用部署，结合垂直行业做好园区、校园、医疗、交通、楼宇及社区等场景的应用覆盖，为数据要素市场提供支撑。①

与此同时，作为数据信息交换、计算、储存的重要载体，三家基础电信企业持续完善全国性算力网络布局，截至 2023 年底，为公众提供服务的互联网数据中心机架数量达 97 万个，全年净增 15.2 万个，净增量是上年的近两倍，可对外提供的公共基础算力规模超 26EFlops（每秒万亿亿次浮点运算，用来描述计算机系统的运算能力）。适应跨网络算力调度、承载需求多样化等发展趋势，加强算力、能力、运力等协同提升，打造算力网络一体化与云网融合的全光底座；协同部署通用算力与智算算力，启动超大规模智算中心建设，不断优化算力供给结构；围绕国家算力枢纽、数据中心集群布局新建约 130 条干线光缆，启动 400G 全光省际骨干网建设，实现云、算力网络的高效互通。②

---

① 加快建设新型数字基础设施［EB/OL］.（2020-05-11）［2023-10-17］.http://www.cac.gov.cn/2020-05/11/c_1590752017086467.htm.

② 2023 年通信业发展情况如何？工信部统计公报来了！.（2024-01-24）［2024-02-22］.https://baijiahao.baidu.com/s?id=1788974216140870997.

2.公共数据资源得到积极开发利用

随着数字时代的来临，数据已成为各行各业发展的关键驱动力。在这一背景下，有关部门积极开发利用公共数据资源，将数据的价值最大化。

在电子政务领域，数据要素的应用正引领政府服务的现代化转型。通过政务数据资源的共享交换和开发利用，更高效地提供公共服务，实现政务服务的精准化供给、政府科学决策和高效社会治理，最大化发挥数据要素的效能。

近年来，政府部门积极组织实施政务数据采集、归集、治理、共享、开放和安全保护等工作，统筹推进数据资源开发利用。目前，覆盖国家、省、市、县等层级的政务数据目录体系初步形成，各地区各部门依托全国一体化政务服务平台汇聚编制政务数据目录超过300万条，信息项超过2000万个，有利于参与服务的政府部门之间进行信息获取和信息交换。

我国已开始全面部署和推行公共数据开放制度，政府数据开放平台数量和数据共享交换服务逐年增长，全国范围内正加速形成适用于激发公共数据要素价值的基础环境。截至2022年9月，全国已建设26个省级政务数据平台、257个市级政务数据平台、355个县级政务数据平台。全国一体化政务数据共享枢纽已接入各级政务部门5951个，发布53个国务院部门的各类数据资源1.35万个，累计支撑全国共享调用超过4000亿次。[①]

与此同时，各有关部门也在积极推进医疗健康、社会保障、生态环保、信用体系、交通运输、安全生产等领域主题库的建设与数据利用，为经济运行、政务服务、市场监管、社会治理等政府职责履行提供有力支撑。其中，交通运输部官网数据开放栏目与交通运输部综合交通出行大数据开放云平台都已开放了来自交通运输领域的数据集。两个平台共无条件开放数据集754个，数据容量近9000万，数据内容主要涉及国内部分省市的交通线路站点、客运站班次、线路、货运车辆、运输与维修经营业务等方面。同时，开放来自航空公司和OpenITS联盟的研究数据。其中，"出行云"平台还开放了153个有条件开放的数据集，内容主要涉及国内部分省市的地面公交、出租车、运输车的定位数据，轨道桥梁隧道数

---

① 全国一体化政务大数据体系建设指南［J］.中小企业管理与科技，2022（20）.

据，公交、出租车的线路、站点站台与票价数据，公路、高速公路路线与收费数据，百度地图路况数据以及与人口、房价、气象等的相关数据。①

3.产业数字化持续转型升级

当前，在数字化转型深入推进的大背景下，数据要素在各行业的应用正不断扩展和深化，实现规划、管理、生产、营销等环节的高效智能化发展，从而提升行业竞争力和市场适应性。

例如，在能源行业，利用大数据分析技术，对可再生能源资源进行全面评估，包括太阳能、风能等的分布、强度等信息，结合区域内企业与居民的用电、天然气、供冷、供热等各类能耗数据，为能源网络的规划与能源站的选址布点提供科学支撑；在交通运输行业，大数据技术下的 AI 智能摄像机可实时监测和记录道路上车辆的行驶速度、数量和道路状况，并通过高速信息传输

---

① 2023 交通运输公共数据开放利用报告［R/OL］.（2023-5-25）［2023-10-26］.http://ifopendata.fudan.edu.cn/static/report/2023%E4%BA%A4%E9%80%9A%E8%BF%90%E8%BE%93%E5%85%AC%E5%85%B1%E6%95%B0%E6%8D%AE%E5%BC%80%E6%94%BE%E5%88%A9%E7%94%A8%E6%8A%A5%E5%91%8A_web.pdf.

网络送至综合管理平台进行分析和处理，帮助交通管理部门做出当下的判断和决策；在制造业，通过对生产线运行数据、设备状态信息、产品质检等数据的采集、分析和利用，实现生产过程、质量控制、设备维护、供应链等方面的优化；在金融业，随着宏观环境不确定性增加，以及市场竞争越发激烈，银行、保险、证券、基金等机构通过增强对客户的数据洞察能力，尽可能地准确理解和深度挖掘客户的差异化需求，与自身产品和服务进行匹配，从而实现精准触达，缩短获客时间，降低营销成本。

二、我国数据要素市场的现状

1. 我国数据要素市场的建设

（1）多地探索建立大数据交易场所

随着大数据的广泛普及和应用，数据量呈现爆发增长态势，数据资源的价值逐步得到认可和重视，数据交易需求也在不断增加。在国家政策的积极推动、地方政府和产业界的带动下，各地在数据交易方面的探索力度不断加大。

近年来，我国数据交易流通市场规模持续扩大，各地相继建立数据交易平台，自2015年起，贵州、北京、上海、山东、广东等地前后成立了数据交易所或进行相关规划。

数据交易平台的出现逐渐打破各省的"数据壁垒"，2023年9月，由人民网·人民数据打造的第一家全国性数据要素公共服务平台正式上线，该平台改变过去各省和各地市自建数据交易所在全国层面流通交易难的局面，促进数据要素市场规范，确保数据流通交易的合规性，为数据要素市场的繁荣发展提供更顺畅的路径。

数据交易所及数商交易机制的建设，一方面，立足数据要素供需双方搭建中介桥梁，为释放公共数据和企业数据、打破"数据孤岛"以及促进数据跨地域、跨行业、跨单位交易和流通营造良好的市场环境；另一方面，也为数据要素流通监管、市场交易行为规范、市场秩序维护搭建了平台载体。

（2）技术发展推动数据要素市场进入快车道

数据不同于土地、劳动力等传统生产要素，其价值发挥依赖各种信息技术的融合应用。在数据要素市场建设中，需支持数据模型、数据产品、数据管理工具、数据安全使用等各类技术的自主创新，筑牢数据要素市场技术支撑体系。

区块链作为下一代互联网核心技术，可以解决当前数据应用面临的诸多挑战，助力实现数据资产确权、数据安全交易、数据管理追溯的综合服务体系，为数据应用提供更加高效、安全、可信的基础设施。隐私计算是重要的信息安全技术体系，在数据流通中扮演着关键角色，实现方式包括同态加密、联邦学习和可信执行环境等技术。利用隐私计算技术可以有效保障数据隐私，确保数据流通安全，还可以促进数据的共享和应用，提高数据的使用效率和应用价值等。[①]

2023 年以来，以 ChatGPT 等为代表的生成式人工智能产业火爆发展，这对数据要素供给提出了更高的要求，也刺激了数据要素市场的快速发展。当前，主流大模型预训练数据主要来源于公开数据集、合作数据分享、大规模网络数据以及通过数据众包方式获取的数据。数据已成为未来人工智能竞争的关键要素，人工

---

① 杨晶.数据要素市场创新融合区块链与隐私计算技术研究［J］.中国科技产业，2023（4）.

智能正在从"以模型为中心"加速向"以数据为中心"转变。①

（3）数据安全与个人信息保护备受重视

数据要素市场活力逐渐显现的同时，社会各界对数据安全与隐私保护也越发关注。数据作为新的生产要素，对于推动经济发展和社会进步具有重要意义，但在收集、存储、处理和使用数据过程中，如果不能有效地保护个人隐私和数据安全，就可能引发一系列的问题，如个人信息泄露、网络攻击、诈骗等。

为了保障数据要素市场的健康发展，政府制定了一系列法律制度。2021年9月，《中华人民共和国数据安全法》正式实施，明确了建立数据分类分级保护制度、加强风险监测、建立健全管理制度等，来确保数据的安全得到有效保障和维护。同年11月，颁布实施《中华人民共和国个人信息保护法》，界定了敏感个人信息范围，规范了个人信息处理活动，促进了个人信息合理利用，保护了个人信息合法权益。相关的法律

---

① 中国信通院.数据要素白皮书（2023年）［R/OL］.（2023-9-26）［2023-10-26］.http://www.caict.ac.cn/kxyj/qwfb/bps/202309/P020230926495254355530.pdf.

制度构成了数据要素市场安全发展的法律基石和制度
建设保障。

2.我国数据要素市场存在挑战

（1）流通机制尚不健全，缺乏有效的保护机制

数据要素是数字经济深化发展的核心引擎。数据虽
然具有普遍的使用价值，但只有通过市场交易，才能完
成从资源到资产、再到资本的"变现"，最后达成数字
经济的发展目标。然而，当前数据要素在市场流通过程
中仍然面临着难题。

目前，我国数据流通的配套规则体系仍不明确，数
据要素流通缺乏有效的激励和权益保护机制。现阶段，
我国数据资源化、资产化等过程尚未完成，数据要素权
属界定、分类分级、估值定价、收益分配等方面缺乏系
统框架，数据要素流通难以制定明确的配套规则。在此
情况下，激励各方参与流通的体制机制尚不具备，保障
参与各方权益的共识还未建立，参与方之间信任的建立
缺乏规则的指引，使参与各方望而却步。[1]目前，各地

---

[1]　中国信通院.数据要素白皮书（2022年）[R/OL].（2023-1-7）[2023-
10-26].http://www.caict.ac.cn/kxyj/qwfb/bps/202301/P020230107392254519512.pdf.

虽然加快了健全数据要素市场制度与规则，但仍处于探索中。

（2）数据要素有效供给不足，市场参与者动力欠缺

面对数据要素市场的建设困境，现有研究侧重从数据要素的新特征出发阐述数据确权难、定价难、互信难等挑战，或在宏观层面论证数据要素市场的层次结构、演进路径等，对于微观视角下市场参与者的动机、商业模式、成长路径的关注不足。事实上，数据要素的供给方、需求方及第三方数据服务商等市场参与者是数据要素市场的基础组件，也是市场形成的决定因素。

一方面，数据有效供给不足现象的微观逻辑正是市场供给侧企业缺乏能力或激励进场交易；另一方面，数据要素市场活跃度低的重要原因是交易环节中起关键作用的服务商的缺位或发育不足。因而，培育数据要素市场的着力点正是激励包括供给侧和第三方数据服务商在内的市场主体主动、充分地参与市场，进而促进数据生态良性演化。研究数据要素市场参与者的激励和培育机制，对于建设全国统一的数据要素大市场、深化数字经

济发展具有紧迫、必要的战略意义。[①]

（3）数据资产入表落地面临挑战

2023年8月21日，财政部对外发布《企业数据资源相关会计处理暂行规定》，明确数据资源的确认范围和会计处理适用准则等，于2024年1月1日起施行。尽管数据资产入表政策落地节奏超预期，但在具体实施上仍面临诸多挑战。

一是在现有的资产负债表中，对于固定资产和无形资产的确认条件都有明确的定义，而现有的研究并没有明确数据资产的确认原则，相关的理论也无落地经验，因此数据资产入表方式通用评估标准未能统一。二是数据资产入表是法律、财税、会计、统计、数字技术等多学科深度交叉融合的新兴领域，需汇集跨学科、跨领域的专业研究力量，当前我国专业人员能力不足，缺乏相关管理和会计处理经验。三是数据资产具有价值易变性，它伴随应用场景、用户数量、使用频率等变化，再加上企业数据治理水平的参差不齐，导致数据资产估值难度较大。

---

① 李金璞，汤珂.论数据要素市场参与者的培育［J］.西安交通大学学报（社会科学版），2023，43（4）.

第三节　数据流通岗位需求与现状

一、数据流通需求催生新岗位

新职业是经济社会发展转型时期的社会分工和专业化的表现。恩格斯在《在家庭、私有制和国家的起源》中提出从野蛮时代向文明时代的发展过程中，出现了三次社会大分工。他认为，在第一次社会大分工中，游牧部落从野蛮人群中分离出来，使畜牧业得到快速发展；在第二次社会大分工中，手工业和农业分离，手工业成为新的社会生产部门，与手工业相关的职业应运而生；在第三次社会大分工中，由于商品交换的发展，出现了一个不从事生产只从事交换的商人阶级，商业成为众多劳动者从事的新职业。随着第三产业兴起，旅馆业、广告业、修理业、电影、音乐和其他文体娱乐行业等应运而生。又随着计算机技术的普及，在计算机、生物工程、电子通信等领域也出现了大量新职业。

当下，新一代数字技术快速发展，再加上数据驱动全球社会分工进一步深化、细化，新产业、新业态、新模式不断涌现，为经济发展注入新的活力。2022年，新修订的《中华人民共和国职业分类大典（2022年版）》净增158个新职业，并把2019年人社部重启新一轮职业发布工作以来至2022年发布的五批共74个新职业纳入其中，职业数达到1639个；首次标注97个数字职业，如信息通信网络运行管理员、数字化解决方案设计师、人工智能训练师、区块链应用操作员、电子数据取证分析师等，约占职业总数的6%。

与此同时，数据作为新型生产要素，已快速融入生产、分配、流通、消费和社会服务管理等各个环节，深刻改变当下的生产方式、生活方式和社会治理方式。《中共中央 国务院关于构建数据基础制度更好发挥数据要素作用的意见》（"数据二十条"）认可了数据以"产品"形态流通的行业实践，可以通过数据产品化将劳动、资本等生产要素附着在数据要素上，以提供更高质量的数据要素供给。因此，数据流通少不了专业团队、人员的服务支撑，数据经纪、数据定价、数据咨询、数据保险、数据审计、数据治理等服务专员将成为刚需。

二、岗位需求渐长，人才供应短缺

数字经济时代下，新职业不断涌现，给整个社会带来了前所未有的机遇与挑战。然而，新职业却面临着人才需求旺盛与人才供给短缺之间的矛盾，这无疑会成为制约社会经济发展的一大因素。

一方面，新职业的崛起带来了全新的人才需求。一般而言，传统的教育培训体系往往滞后于这些新兴领域的发展，这导致了新职业人才的供应远远跟不上市场需求。特别是数据相关岗位的崛起，对高技能人才的需求日益增长。

另一方面，人才的供应短缺对人才培养机制提出了更高的要求，也为各领域人才培养提供了更广阔的视野。新职业所依赖的技能和知识体系需要通过专业培训和实践经验来获得。目前迫切需要紧密贴合新兴产业的发展需求，加大人才的培养力度，开设相关课程，提供全面、实用的培训。

在解决新岗位人才缺口的问题上，不仅要看到其中的挑战，更要抓住其蕴藏的巨大机遇。只有建立健全的人才培养机制，才能更好地适应新型职业的发展浪潮，为各产业注入新的活力。

第二章
数字经济时代首席数据官的实践基础

　　数字人才是数字经济时代十分重要的资源，培育数字人才不仅是个人发展的需要，也是政府提高数字化进程、企业提高未来发展能力的重要课题。为此，各领域、各机构在结合自身特点、发展战略进行数据方面的实践时，均强调了培养数字人才的理念和方向。

　　从国家层面到地方层面对数据的重视程度日趋提升。2023年，中共中央、国务院印发《数字中国建设整体布局规划》，明确提出增强领导干部和公务员数字思维、数字认知、数字技能；统筹布局一批数字领域学科专业点，培养创新型、应用型、复合型人才；构建覆盖全民、城乡融合的数字素养与技能发展培育体

系。①早在2021年，人力资源和社会保障部办公厅印发
《专业技术人才知识更新工程数字技术工程师培育项目
实施办法》，颁布大数据、人工智能等10个职业的国家
职业标准，为数字技术人才培养提供了政策和依据。为
适应数字人才队伍发展建设需求，教育部加大数字经
济领域相关专业设置，增设数字经济、人工智能、数
据科学与大数据技术等专业。②2022年普通高等学校本
科新增备案专业中，全国新增数字经济专业的高校有
77所，新增人工智能专业的高校有59所。

目前，全国多地政府围绕数字技术工程应用领域出
台人才政策引才聚才。2023年6月，湖北省人力资源和
社会保障厅发布《关于实施专业技术人才知识更新工程
数字技术工程师培育项目的通知》，决定从2023年起至
2030年，围绕人工智能、物联网、大数据、云计算、数
字化管理、智能制造、工业互联网、虚拟现实、区块链、

① 中共中央 国务院.数字中国建设整体布局规划［R/OL］.（2023-02-27）［2024-08-26］. https://www.gov.cn/zhengce/2023-02/27/content_5743484.htm.

② 人力资源和社会保障部办公厅.专业技术人才知识更新工程数字技术工程师培育项目实施办法［EB/OL］.（2021-10-08）［2024-08-26］. https://www.mohrss.gov.cn/wap/zc/zcwj/202110/t20211011_425199.html.

集成电路等数字技术领域，力争每年培养数字技术技能人员 2000 人左右。[①]2023 年 6 月，重庆市人力资源和社会保障局会同相关部门制定出台《卓越工程师赋能专项实施方案》，围绕"2+6+X"先进制造业战略方向，首批实施数字技术工程师培育项目，聚焦人工智能、物联网、大数据、云计算、数字化管理、智能制造、工业互联网、虚拟现实、区块链、集成电路等数字技术领域，通过规范培训、社会评价和职称评审等方式，每年培养培训 6000 人。[②]2023 年 7 月，北京市人力资源和社会保障局发布《北京市数字技术技能人才培养实施方案》，提出着力培养数字技术领军人才、高水平数字技术人才和数字技能人才，预计每年培养数字技术技能人才 1 万人。[③]2023 年 8 月，浙江省人力资源和社会保障厅、浙江

[①] 湖北省人力资源和社会保障厅. 关于实施专业技术人才知识更新工程数字技术工程师培育项目的通知 [EB/OL]. (2023-06-16) [2024-08-26]. https://rst.hubei.gov.cn/bmdt/dtyw/tzgg/202306/t20230616_4711076.shtml.

[②] 重庆市人力资源和社会保障局. 卓越工程师赋能专项实施方案 [EB/OL]. (2023-05-18) [2024-08-26]. https://rlsbj.cq.gov.cn/zwxx_182/tzgg/202305/t20230518_11974444.html.

[③] 北京市人力资源和社会保障局. 关于印发《北京市数字技术技能人才培养实施方案》的通知 [EB/OL]. (2023-06-30) [2024-08-26]. https://www.beijing.gov.cn/zhengce/zhengcefagui/202307/t20230712_3160667.html.

省财政厅印发《浙江省数字技术工程师培育项目实施方案》明确提到，到2030年末，围绕人工智能、物联网、大数据、云计算、数字化管理、智能制造、工业互联网、虚拟现实、区块链、集成电路等数字技术工程应用领域，培育数字技术工程师1万人以上。[①]

随着新型信息技术的加速发展及规模化应用，数据已经成为继土地、劳动力、资本、技术之后的第五大生产要素，成为国家基础性战略资源，并快速融入生产生活各个领域，在推动经济发展方面的作用日益凸显。伴随我国数字产业规模和人工智能等战略性新兴产业的发展，高质量数字化人才需求越来越旺盛。2023年，我国数字经济核心产业增加值占国内生产总值（GDP）比重达到10%，数字化人才总体缺口在2500万至3000万。[②]在推动新质生产力的发展进程中，人才是科技创新的基础支撑。通过管理好数字化人才推动智力资源高效配置，

---

① 浙江省人力资源和社会保障厅 浙江省财政厅.关于印发《浙江省数字技术工程师培育项目实施方案》的通知［EB/OL］.（2023-08-24）［2024-08-26］.https://rlsbt.zj.gov.cn/art/2023/8/24/art_1229506771_2487277.html.

② 张莫，王璐，祁航."数字人才"需求旺盛［N］.经济参考报.2023-06-09.

对于实现大数据行业健康、规范、可持续发展而言至关重要。

第一节　首席数据官的核心是"管人才"

随着数据和信息的重要性日益凸显，首席数据官在组织管理中也扮演一个愈加重要的角色。首席数据官的核心在于"管人才"，不仅要负责整体数字化战略规划和管理，而且承担着加强整体数字人才队伍建设的重任。

"管人才"，主要是管宏观、管政策、管协调、管服务。数字经济时代，"管人才"也有了新的要求和方式，提高人才的数字化素养，提升人才的数据应用能力，培养人才的数字化思维，营造培育数字人才的良好环境。

"管人才"，重点是建立一套人才激励和人才培养体系，依托互联网、大数据等新兴技术，结合当前数据的发展特点，促进数字人才培养，加快推动人才数字化转型，加快"技术赋能"。

一、"管人才"的内涵

"管人才"是切实履行管宏观、管政策、管协调、管服务职责，更好地统筹人才发展与数字经济发展，为数字人才的培养和人才数字化转型保驾护航。"管人才"的内容：一方面是"升级"，提升领导干部数据基本功，使其具备善于获取数据、分析数据、运用数据的意识和能力；另一方面是"聚拢"，用符合大数据产业的方式和模式把优秀的数字人才聚拢到服务数字中国建设的事业周围，助推数字经济安全健康可持续发展，为推动国家治理体系和治理能力现代化贡献力量。"管人才"的内涵可从以下四个方面来理解。

管宏观，坚持人才发展的正确方向。一方面，加强科学理论指导，制定数字人才发展规划，全面推进数字人才队伍建设，推动数字经济高质量发展。另一方面，加强对数字人才建设的宏观调控。根据数字人才的现状和需求情况，依据人才工作的方针政策和发展规划，通过数字人才政策来调节人力资源，实现数字人才资源的有效配置。

管政策，统筹数字人才政策制定和完善。人才政策是人才工作的重要保障，是吸引人才聚集的"强磁场"。数字人才的建设，离不开人才人事政策的支持。在现有人才政策的基础上，明确数字人才工作具体目标和主要任务，制定出台相互配套、有机衔接的人才支持政策，打造人才聚集"强磁场"，推动产业人才聚集。针对数字人才发展中的重大问题，通过政策统筹和指导工作体制机制改革，营造有利于人才数字化转型和数字人才发展的环境。

管协调，通过加强统筹协调，形成推进数字人才队伍建设的整体合力。 人才工作是一项综合性工作，也是一项战略性工作，常常需要多个职能部门互相配合、协同推进、共同完成。数字人才建设既需要加强统筹协调、规范管理，促进跨地区、跨部门、跨层级协同联动，建立上下贯通、协调一致的人才工作合力；又需要发挥人才工作各相关部门的职能作用，整合开展人才工作的各种积极因素，形成人才工作的合力。

管服务，关心爱护数字人才，为其干事创业、实现价值提供服务保障。 要能够吸引人才，更要留得住人才。明确数字人才需求，强化服务意识、转变服务职能、创新服务方式，以服务创造环境、以服务改善环境、以服务优化环境，通过切实周到的服务，让数字人才"引得来、留得住"。

"管宏观、管政策、管协调、管服务"明确了"管人才"的内涵和边界，强调了对人才工作的宏观管理和综合协调。由此可见，"管人才"不是用条条框框去束缚人才，而是着眼于数字人才建设的宏观性、全局性，确保人才工作大局、方向、战略、定位，构建符合数字人才成长发展规律、发挥人才作用的体制机制，推进数字人才队伍建设，提高数字经济劳动力供给水平。

二、"管人才"的原则

第一，坚持数字化引领、全面化发展的原则。管好新时代的数字化人才，不仅要把握住数字产业化与产业数字化的核心需求，也要鼓励跨学科、多技能的人才体系建设。数字经济越是发展到"深水区"，越需要"一专多能"的数字化人才。无论是政策引导还是企业、社会组织的人才体系建设，都需立足数字经济高质量发展的新趋势，在培养、引进和利用数字化人才方面，坚持数字化引领和全面化发展的原则，为日后打下坚实的智力储备基础。

第二，坚持以"管"促发展的原则。强调营造有利于数字人才发挥作用、创新创业的环境，聚集优秀的数字人才。"管"的重心在"聚人才、创条件"。坚持"以管促发展"原则，重点要做好宏观管理、政策制定、协调配合、服务保障工作，做到用事业造就人才、用环境凝聚人才、用机制激励人才、用法治保障人才。

第三，坚持市场需求导向的原则。人才工作要突出市场导向原则，充分发挥市场在人才资源配置中的决定性作用，更好发挥政府作用，健全人才市场供求、竞争机制，激发和释放人才创新创造创业活力。从现实来看，随着科技的快速发展，数据产业对技术技能人才的需求不断增长，人才供给和市场需求之间出现了一定的偏差。"管人才"需加强对市场需求的调研和分析，培养符合数字产业市场需求的各类专业人才，盘活数字人才资源，促进数字产业发展。

三、"管人才"的方式方法

人才是第一资源。在数字经济浪潮中，数字经济的创新驱动实质上是人才驱动，推进数字产业化、产业数字化，关键在人才。加快数字技术技能人才培养是支持战略性新兴产业发展、助力数字经济和实体经济深度融合的必然要求。做好新形势下的数字人才工作，必须按照科学人才观要求，遵循市场经济规律、人才资源开发规律和人才成长规律，不断创新方式方法，确保人才资源的科学开发与合理利用。

立足于当前数字经济领域的人才发展现状，需要建立健全科学决策、分工协作、沟通交流、督促落实机制，形成统分结合、上下联动、协调高效、整体推进的工作运行机制。需要改革人才体制机制，根据不同类型、不同地域、不同层次数字人才成长规律和特点，因地制宜地制订人才培养、开发和吸引政策方案，营造有利于人才聚集、成长、创新创造的政策环境、体制机制、评价体系等环境。需要创新人才激励机制，充分地调动和发挥数字人才的积极性、主动性和创造性，营造有利于数字人才脱颖而出的良性环境和成长沃土。需要注重改革创新，在总结运用人才工作传统经验的同时，不断改进方式方法，让人才队伍不断壮大，让人才效能充分释放。

四、"管人才"的具体实践

近年来，我国数字经济发展势头强劲，数字经济规模由2012年的11.2万亿元增长至2023年的53.9万亿元，11年间规模扩张了3.8倍。随着数字经济迅猛发展，市场对数字领域人才需求也日益强烈，2023年招聘应届高校毕业生的职位中，人工智能、智能制造等专业增速较快，AI大模型应届生职位同比增长超170%。[①]与其形成鲜明对比的是数字人才的巨大缺口，据《经济参考报》报道，有机构预测当前数字人才总体缺口在2500万至3000万人。[②]此外，数字人才质量参差不齐、数字人才在产业和地区间的分布失衡、数字人才培养体系与数字经济相关产业的发展需求不匹配、人才引进政策的区分度不高等问题不容忽视。在此背景下，对数字人才的培养至关重要。

---

① 猎聘.2023届高校毕业生就业数据报告［R/OL］.（2024-02-04）［2024-08-27］.https://mp.weixin.qq.com/s/u0Z-1oxp0fzdE-aR_7F-hw.

② 张莫，王璐，祁航."数字人才"需求旺盛［N］.经济参考报.2023-06-09.

国家和地方布局全民数字技能培训。2021年，人力资源和社会保障部办公厅印发了《专业技术人才知识更新工程数字技术工程师培育项目实施办法》，部署实施数字技术工程师培育项目，加强新职业培训工作，加快数字技术技能人才自主培养。计划在2021年至2030年，每年培养培训数字技术技能人员8万人左右，培育壮大高水平数字技术工程师队伍。[①]2023年10月，人力资源和社会保障部专业技术人员管理司司长李金生介绍，目前，数字技术工程师培育项目初步搭建起了项目框架的政策体系、组织体系、标准体系、培训体系和评价体系。[②]

---

① 人力资源社会保障部办公厅. 专业技术人才知识更新工程数字技术工程师培育项目实施办法［R/OL］.（2021-10-13）［2024-08-26］. https://www.gov.cn/xinwen/2021-10/13/content_5642233.htm#:~:text=%E4%B8%BA%E6%94%AF%E6%8C%81%E6%88%90%E7%95%A5%E6%80%A7%E6%96%B0%E5%85%B4%E4%BA%A7%E4%B8%9A.

② 科技日报. 科技字技术工程师培育项目加快推进［EB/OL］.（2023-10-24）［2024-08-26］. https://edu.cnr.cn/sy/sytjB/20231024/t20231024_526461460.shtml#:~:text=%E4%BA%BA%E5%8A%9B%E8%B5%84%84%E6%BA%90%E5%92%8C%E7%A4%BE%E4%BC%9A%E4%BF%9D%E9%9A%9C%E9%83%A8%E8%A8.

【延伸阅读】

"数据二十条"与首席数据官

2022年12月19日,《中共中央 国务院关于构建数据基础制度更好发挥数据要素作用的意见》从数据产权、流通交易、收益分配、安全治理四个方面初步搭建我国数据基础制度体系提出二十条政策举措(简称"数据二十条"),旨在让高质量数据要素"活起来、动起来、用起来"。随着地方、行业和企业对"数据二十条"确权授权机制建设的落地实施,将激活数据价值不断解放和发展数字生产力。"数据二十条"的出台主要强调了三个方面的内容。

一是强调数据安全,红线和底线思维有利于探索个人新资产。数据安全是开展个人数据确权授权的首要条件,建立在红线和底线思维基础上的产权制度探索有利于形成新的个人资产,有效激活个人数据中心市场需求。

二是创新分配方式,减小企业主体参与各类数据活动的顾虑,加大数据供给渠道。在关于收益分配制度的表述中,强调"谁投入、谁贡献、谁受益",通过明晰产权为数据流通交易提供了基本的制度遵循,这有利于排除企业主体参与各类数据活动的顾虑。此外，通过分红、提成等多种收益共享方式，平衡兼顾数据内容采集、加工、流通、应用等不同环节相关主体之间的利益分配，体现了对于数据价值创造和价值实现激励导向，这意味着传统的通过产权来确定的权益分配观念已经被新型的共享思维取代。

三是重视数据形态，以"产品"流通的行业实践提升数据要素供给质量。"数据二十条"关于公共数据、企业数据及个人数据确权授权机制建设的表述中，每类数据供给方式均提到了数据产品、数据服务等数据形态，这表明"数据二十条"认可了数据以"产品"形态流通的行业实践，认识到通过数据产品化，可以将劳动、资本等生产要素附着在数据要素上，提供更高质量的数据要素供给。

未来，数据要素市场将衍生出一系列的数据经纪、数据咨询、数据保险、数据审计、数据治理等服务和更多新职业，包括"首席数据官"。[①]

首席数据官的主要职责是将数据战略引入企业的商

---

① 陈丽.建立数据产权制度的实践与思考［J］.网络舆情.2023：50.

业规划中，协调企业整体范围内数据管理和运用，管理企业整体数据处理和数据挖掘过程，并带领企业构建、激活并保持企业的数据管理能力。其实，首席数据官一职本就来自于企业，是高管中的一个新职位，在"首席"的加持下该职位被赋予了更大的权力和责任，早期主要负责企业内的数据管理。国内首个任命CDO的企业，是阿里巴巴于2012年建设，负责对阿里旗下的淘宝、支付宝、金融等平台数据进行挖掘、分析和运用。中国企业的首席数据官更偏向于数据管理组织架构、制度体系的构建，从数据战略角度，用数据为企业赋能，并形成新型"数据要素化"的工作方式与数据思维。首席数据官对企业至关重要。2023年最新调研显示，数据持续受到企业高层重视，用于解决最紧迫的公共问题，且首席数据官在规模较小的企业中的渗透率攀升，银行业、保险业和多元化金融业中任命首席数据官的企业数量占比最高。数据显示，金融业中已任命首席数据官的企业数量占比仍保持领先，其中，银行业的首席数据官占比最高，达47%；保险业占比居次席，为40%；多元化金融业（包括信托、期货、金融中介、第三方支付、金融控股等）

占比第三，达37%。^①

但无论政府还是企业，首席数据官相关人才仍然存在较大缺口。专家表示，国家顶层制度的进一步完善，以及国家数据局的组建也将有利于首席数据官制度的建设。目前，以人民数据为代表的第三方机构，也在积极开展对数据人才的理论研究与实践探索工作。

第二节　数据要素人才市场分析

近年来，在我国加快培育数据要素市场，深入推进数字经济发展和数字政府建设背景下，首席数据官频频出现在公众视野。分析当前数据要素人才市场发展现状，对培育以首席数据官为代表的数据要素人才市场有积极意义。随着数据资产入表进程加快的，首席数据官人才面临哪些机遇与挑战，如何更好发展，成为政府、企业

---

① 普华永道.第三期《全球首席数据官调研》[R/OL].（2024-05-13）[2024-08-26].https://www.pwccn.com/zh/consulting/the-chief-data-officer-in-a-dilemma-may2024.pdf.

构建数据资源管理体系必须面对的课题。

2023年，我国数据要素整体市场规模已达532.8亿元，同比增长36.8%。预计未来三年，中国数据要素市场仍将保持高速增长，到2026年，中国数据要素市场规模将超过1400亿元。[①]数据要素市场繁荣发展的同时，国家对数据要素人才的重视程度不断提高，市场对数据要素人才的需求也急剧增长。目前我国数据要素人才市场建设日新月异，正在形成具有完整架构的数据要素人才市场体系。《2023全球数字技术发展研究报告》数据显示，全球数字科技人才总量为77.5万人，我国有12.8万人，位居第一，占全球总量的17%。其中引领型数字人才，如首席数据官与首席信息官，在数据要素人才中居主导地位。[②]

---

① 赛迪顾问.2023—2024年中国数据要素市场研究年度报告［R/OL］.（2024-06-12）［2024-08-26］. https://mp.weixin.qq.com/s/QCruQMjrrrYCtUWlyIlG5Q.

② 清华大学.中国数字人才现状与趋势研究报告［R/OL］.（2021-11-22）［2023-11-22］. https://economicgraph.linkedin.com/zh-cn/research/china-digital-economy-talent-report.

一、培养数据要素人才成为重要任务

党的十八大以来，党中央、国务院高度重视数字经济发展，"十四五"规划提出"加快数字化发展 建设数字中国"，要求"充分发挥海量数据和丰富应用场景优势，促进数字技术与实体经济深度融合，赋能传统产业转型升级，催生新产业新业态新模式，壮大经济发展新引擎"。

在政策层面，中央和地方积极出台政策，加快培育数据要素市场，强化数据要素人才培养。2023 年 2 月，在工业和信息化部信息技术发展司、中国电子信息行业联合会的指导和支持下，中国电子信息行业联合会首席数据官分会正式成立，并发布了《企业首席数据官制度建设指南》，完成了《首席数据官基础和术语》团体标准立项。①

广东省工业和信息化厅在 2022 年 8 月发布《广东省企业首席数据官建设指南》，强调了首席数据官在数字

---

① 南方日报.为企业"装配"数字大脑［EB/OL］.（2023-08-16）［2023-10-27］. https://baijiahao.baidu.com/s?id=1774440104890599511&wfr=spider&for=pc.

化转型中的重要性，指出首席数据官应具备的能力素质，包括数据资产管理领导能力、数据规划和执行能力、数据价值行业洞察能力、数据资产运营和增值能力、数据基础平台自研建设能力等。同时，鼓励具备条件的企业设立首席数据官，按照"企业主导、政府推动、价值优先、多方协同"的原则组织实施。

浙江省工业和信息化厅在2023年7月印发《浙江省企业首席数据官制度建设指南（试行）》，提出为助力浙江省相关企业实现数据治理、数据驱动、数据增值，特制定本指南。此外，广州、深圳、珠海、长沙、绍兴、阜阳等地也纷纷出台相关政策，试点首席数据官制度改革，鼓励企业设立首席数据官，推动数字化转型。

二、数据要素人才发展过程

数据要素人才主要分布在高科技企业较为集中的省市。人民数据数据库数据显示，高科技企业在广东、江苏、浙江、山东、福建等省份占比较高，其中广东省的高科技企业发展尤为突出，在全省企业中占比达31.35%。然而，当前数据人才的供给却远远不能满足市场需求。数据科学家、数据架构师、数据产品经理等各类数据人才总体供给数量较少，数据合规官、数据安全官、首席数据官、首席信息官等岗位人选更是高薪难觅。造成数据人才短缺的原因主要有两方面：一方面在于相关岗位对工作经验和工作年限要求较高，招聘网站上相关岗位对工作年限的要求一般在5—7年；另一方面在于这类岗位需要既懂数据技术，又了解数据市场，更要熟悉相关法律法规的复合型人才。[①]

1.首席数据官发展现状

在电子商务、互联网和金融等对数据高度依赖的行业中，首席数据官扮演着关键角色。首席数据官不仅需要了解数据管理、数据处理、数据分析等方面的技术知识，还需要具备一定领导能力与商业敏感度。

当前我国首席数据官渗透率较低，或与行业数字化转型发展成熟度有关。《2023中国首席数据官调研》显示，中国企业首席数据官或类似管理岗的渗透率仅为1.3%，

[①] 南方Plus.什么是"数据经纪人"？［EB/OL］.（2022-01-18）［2023-10-27］.https://static.nfapp.southcn.com/content/202201/18/c6144570.html.

远低于全球27%的水平。其中金融行业和通信、媒体与科技行业的首席数据官或类似管理岗的数量位居前两位。[①]虽然数据相关岗位就业情况乐观，但首席数据官渗透率低，或说明我国大部分行业数字化转型发展正处于初级阶段，且数据要素高层次人才有较大的培养空间。

2.首席信息官发展现状

首席信息官作为信息技术领域中的重要角色，负责引领企业的信息技术战略和发展。随着企业信息化的不断发展与深入，首席信息官的角色正从传统的IT管理向更广泛的战略性领导转变。不仅需要参与企业战略的制定，还需规划企业信息、主动配合企业战略。

在发展过程中，首席信息官的关键词是"转变"。尤其是首席信息官角色的转变。在当前数字化、智能化发展趋势下，区块链、大数据、云计算等新兴技术已经融入多数企业日常业务架构中。如在银行领域，信息科技部门的定位已经从中后台支撑走向引领业务塑造的前

---

① 普华永道.2023中国首席数据官调研［R/OL］.（2023-09-03）［2024-08-26］.https://www.pwccn.com/zh/consulting/2023-pwc-china-chief-data-officer-survey-aug2023.pdf.

台。根据2023年上市银行年报披露内容，国有六大行持续推进数字化转型，2022年的金融科技投入总金额达1228.22亿元，同比增长5.38%。此外，国有六大行金融科技人才的数量也在不断增加。截至2022年末，工商银行金融科技人员增至3.6万人，占全行员工的8.6%；中国银行、建设银行等银行的金融科技人员也均超过万人。[①]首席信息官作为商业银行金融科技业务的核心，是其业务创新与技术变革的主导者，将影响其金融科技的整体布局。未来，随着银行数字化、智能化转型加速，信息科技团队的建设将处于更加重要的地位。

3. 数据要素人才与岗位要求

随着数字化转型的推进，数据要素人才的需求更加旺盛，各类人才之间的关系也越来越密切。以首席数据官和首席信息官为例，两者都能够发挥组织决策的作用，首席数据官通常会与首席信息官合作共同制定数字化战略和数

---

① 证券日报. 银行金融科技实力大比拼 国有六大行2023年投入总金额超千亿元［EB/OL］.（2024-04-03）［2024-08-27］. https://finance.china. com.cn/money/bank/20240403/6100903.shtml#:~:text=%E5%85%B7%E4%BD %93%E6%9D%A5%E7%9C%8B%EF%BC%8C%E5%B7%A5%E5%95%86 E9%93%B6,%E9%87%8F%E8%B6%857000%E4%BA%BA%E3%80%82.

据管理计划。此外首席数据官还可能兼任首席信息官的职位，全面负责企业的数据管理和信息技术战略。

他们在职责上存在一定重叠的同时，也存在一些差异。如首席数据官更加专注于数据质量、数据分析、数据开放共享、数据伦理与数据有关问题的治理，首席信息官的发展是与社会信息化程度紧密相关的，更侧重于对信息资源的管理。1984年美国里根政府内部的一份调查报告显示，政府部门存在太多错误信息、太少正确信息的"结构真空"问题，究其根源在于缺少信息管理的专门人才与机构，解决这一问题的根本办法就是在政府部门设立信息资源管理的主管人员。①随后，美国政府在各个部门设置了首席信息官，一些国家也开始效仿，设立首席信息官。

这些表明数据要素人才的培养要与岗位需求相适应。

三、数据要素人才的培养路径

针对如何培养出首席数据官类高端数据要素人才问

---

① 焦宝文.政府CIO战略管理与技术实施［M］.北京：清华大学出版社，2005：1.

题，有研究指出，可从高校本科教育抓起，实施"以本科为标准、以就业为导向、以能力为本位"的人才培养模式。[①] 例如，鼓励学生通过考取行业相关专业技能证书、参加专业竞赛等，提高学生的专业应用能力和岗位工作能力，以行业需求作为学生职业能力培养的风向标。此外，还需明确培养目标。数据素养是数据治理的关键组成部分。数据治理人才不仅要具备数据素养能力，还需要具备综合沟通与协调能力。因此，高校在培养大数据治理人才的过程中，应制定更为明确、完整的实操性培养目标。除了专业能力培养之外，还应注意对数据治理人才的职业道德和行为准则的培养。数据治理人才需要德才兼备，只有才而没有德，很可能在数据治理的过程中失去职业操守，违背"善治"的治理理念和服务公共利益的治理目标。

现有的大部分培训是对人才在入职后进行在职培训，却往往忽视了不同部门治理人才的具体需求，导致资源分配不够精准，在职培训可能面临如高昂的授课成本、时间安排困难、培训效果的不确定性、培训方式的局限

---

① 肖大薇，姜立秋，李彤.应用型大数据人才培养目标及实现路径探究［J］.黑龙江教育（高校研究与评估），2018（8）：74.

性以及培训内容更新的难度等问题。因此，可建立分类培训制度，对不同岗位、不同业务、不同部门的治理人才实行分类培训。[①]

目前我国大数据产业正处于高速发展期，旺盛的市场需求以及各级政府的助力，进一步推动了大数据技术的应用及创新，培养应用型大数据人才之路任重道远。高校及产业界应继续研究并分析应用型大数据人才的能力目标，完善培养路径，为培养跨界复合型大数据人才做好充足的准备。

---

① 梁宇，李潇翔，刘政，郑易平.我国政府数据治理人才能力的核心要素与培养路径研究［J］.图书馆，2022：39.

第二篇

数据治理演变

第三章 首席数据官的演变进程

第一节 首席数据官产生与发展

随着科技进步，数据的价值也在不断提升，数据正如毛细血管般渗透到社会肌理的每个部分，逐渐呈现出"万物皆数据"的趋势。首席数据官通过提升数据治理能力，充分发掘内部数据驱动需求，实现数据业务增值，重点推进数字化驱动商业模式的创新与变革。

一、全球范围内首席数据官的演变情况

1.私营部门中首席数据官的发展

首席数据官最早出现在金融、电子商务和互联网等

对数据依赖性较强领域的私营部门中。截至2022年，超半数的银行和保险企业已经任命首席数据官，占全球首席数据官总量的22%。[①]美国第一资本官网显示，全球第一位首席数据官在2002年出现在美国银行业。2002年美国的第一资本（Capital One）公司将Cathryne Clay Doss任命为首席数据官，这是首席数据官作为公司最高决策层的首次露面。在2004—2008年，Usama Fayyad担任雅虎首席数据官兼执行副总裁，负责雅虎的全球数据战略、制定数据政策等，雅虎成为全球首个设立首席数据官职位的互联网公司。而后相继有如通用电气公司、史丹利百得、艾伯森、李维斯等涉及航空工业、零售、餐饮、服装领域的企业纷纷开设首席数据官的职位。其中金融服务机构中的相关职位从业者数量最多。

---

① 普华永道.首席数据官：发挥数据价值，引领创新转型［R/OL］.（2023-03-26）［2023-10-16］. https://www.strategyand.pwc.com/cn/zh/reports-and-studies/2023/value-creating-chief-data-officers-mar2023.html.

表3-1 《财富》1000强跨国企业首席数据官典型案例

序号	年份	企业	行业属性
1	2002	Capital One（第一资本）	金融
2	2004	Yahoo（雅虎）	互联网
3	2013	Barclays（伦敦巴克莱银行）	金融
4	2016	GE（通用电气）	器材、航空、商业
5	2016	Facebook（脸书）	互联网
6	2019	The Travelers Companies（旅行家集团）	金融
7	2021	Stanley Black & Decker，Inc.（史丹利百得）	电动工具、家庭清洁
8	2021	Albertsons（艾伯森）	零售
9	2022	Inspire Brands	餐饮
10	2023	Levi Strauss & Co.（李维斯）	服装

资料来源：人民数据研究院根据公开资料整理

企业在数字化转型过程中涌现出大量数字化、智能化相关岗位，相关行业对数字人才的需求与日俱增，任命首席数据官的企业也在不断增加。全球数据咨询公司NewVantage Partners发布的《2023企业高管领导力数据分析报告》显示，在116家《财富》1000强蓝筹公司中，任命首席数据官的比例从2012年的12.0%上升到2023年的84.6%，在近五年内增长了近20%。①

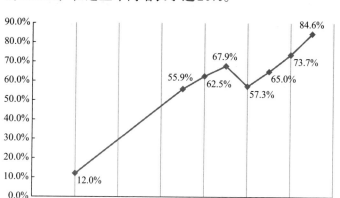

图3-1　116家《财富》1000强蓝筹公司的首席数据官比例

资料来源：2023 Data and Analytics Leadership Executive Survey

同时，首席数据官在各行业以及全球大部分地区都呈现崛起之势。2023年3月，普华永道第二期全球首席数据官调研结果显示，截至2022年，任命了首席数据官的全球领先上市企业比例跃升了28.5%。欧洲企业任命首席数据官的渗透率最高，达41.6%；亚太地区企业任命首席数据官的渗透率较低，为10.2%。但整体而言，

---

① NewVantage Partners. Data and Analytics Leadership Annual Executive Survey 2023［R/OL］.（2023-01-02）［2023-10-15］. https://www.prnewswire.com/news-releases/newvantage-partners-a-wavestone-company-releases-2023-data-and-analytics-leadership-executive-survey-301711081.html.

全球半数的首席数据官均供职于北美企业，该地区在首席数据官的技能、能力和经验方面仍然居于首位。亚太、南美和拉丁美洲等地区以及其他行业的首席数据官前景可期。

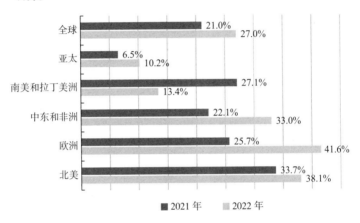

图3-2　首席数据官在全球的渗透率（按地区列示）

资料来源：普华永道思略特分析

2.公共部门中首席数据官的引入和发展

随着首席数据官在企业界的作用和意义凸显，首席数据官制度逐步扩展到政府公共部门。数字经济时代数据种类多、数据量大、涉及范围广以及潜在的信息安全风险等，使政府部门面临进一步推动公共治理数字化转型的考验，首席数据官制度是对数字经济时代数据治理碎片化问题的回应，是新时代治国理政的新形态和新方式，也是政府治理现代化追求的必然要求。首席数据官是一个专门负责组织和管理数据资源的高级职位。主要负责制定和实施数据战略，确保数据的质量、安全和合规性，推动数据驱动的决策和创新，以及促进数据文化的发展。无论是企业还是政府机构，首席数据官的存在和发展都能够帮助组织更好地利用数据资产，提升业务效率和创新能力。与更注重数据利用的利益和效率的企业首席数据官相比，政府首席数据官的职责更加强调促进数据的共享与开放，提高数据驱动的决策，同时保障数据的安全和隐私。①

自2010年以来，美国各州先后开设首席数据官的职位。科罗拉多州是美国第一个设立这一职位的州，随后伊利诺伊州和康涅狄格州也先后设立了首席数据官。2012年，芝加哥市颁布《开放数据行政命令》（第2012-2号），成为全美第一个在政府部门设立首席信息官和首席数据官的城市，首席数据官负责协调开放数据

---

① Jim H, Hughes A. The State of the Union of Open Data［EB/OL］.（2016-09-15）［2023-10-16］. https://static1.squarespace.com/static/56534df0e4b0c2babdb6644d/t/5818c71d1b631b707adc8763/14780188607 40/the-state-of-the-union-of-open-data.pdf.

政策的实施、合规和扩展，促进部门之间信息共享，并协调通过数据分析提高城市决策。[①] 此后，纽约、旧金山、洛杉矶、新奥尔良等城市的政府部门也设立了首席数据官，部分城市还设立了专门的首席数据官办公室。目前，美国大约有28个州设立了首席数据官，首席数据官担任的角色往往因州而异。[②]

根据美国ViON公司的一项研究表明，约有67%没有设立首席数据官职位的美国联邦机构表示迫切需要大数据和分析方面的人才。[③] 在美国联邦政府层面，2013年美国联邦储备委员会任命了第一个联邦层面的首席数据官，随后，交通部、商务部、美国国际开发署（USAID）等机构也正式设立了首席数据官制度。2019年，美国发布的《基于循证决策的基础法案》规定"联邦政府各机构负责人应指定一名非政治任命的常任制雇

---

① 徐闯.芝加哥311城市服务系统做法与启示［J］党政论坛，2018（3）.

② Tyler Kleykamp. The Evolving Role of the State Chief Data Officer［R/OL］.（2020-04-11）［2023-10-11］. https://beeckcenter.georgetown.edu/wp-content/uploads/2020/06/Report_-Framework-for-State-CDOs.pdf.

③ Guess A. Fed Agency Chief Data Officers Emerge as Big Data Heroes［EB/OL］.（2016-12-12）［2023-10-16］. https://www.businesswire.com/news/home/20161212005067/en/Fed-Agency-Chief-Data-Officers-Emerge-as-Big-Data-Heroes.

员担任机构的首席数据官"。同时，在学术协会层面，作为首席数据官研究和实践先行者的 Richard Y.Wang 教授，自2007年以来一直主持麻省理工学院CDOIQ研讨会，该研讨会旨在提升首席数据官的知识储备并加速首席数据官在各行各业的落地设立。在CDOIQ研讨会的孵化下，成立了一个专注于提升数据领导力的专业的国际首席数据官协会（iscdo）。

美国以外，世界上主要发达国家如英国、法国、加拿大、西班牙、新西兰等都先后在政府机构设置了政府首席数据官的职位，数量呈明显上升趋势。美国、澳大利亚、新西兰等国还在联邦或州层面成立了首席数据官网络（Chief Data Officers Network），定期组织会议，以促进各政府部门首席数据官员的交流与合作。

表3-2　国外发布的首席数据官制度相关政策

序号	年份	国家/地区	相关内容
1	2010	美国科罗拉多州	科罗拉多州政府任命 Dianna Anderson 为第一任首席数据官，旨在将政府数据规划提升到一个新的水平，并制定新的标准、治理政策

序号	年份	国家/地区	相关内容
2	2012	美国 芝加哥市	颁布《开放数据行政命令》（第2012-2号），在政府部门同时设置了首席信息官和首席数据官
3	2013	英国	英国于2013年首次任命首席数据官，R. Bodsworth担任首任首席数据官。首席数据官的职责是就数据驱动的政策向政府部长提供建议，并在政府部门之间培养数据驱动的文化氛围
4	2013	法国	2013年，法国首次设立了首席数据官，该职位是法国政府数字战略的一部分。首席数据官负责在政府机构之间制定和实施数据驱动的政策和举措
5	2014	美国 旧金山市	旧金山市于2014年设立了首席数据官职位，由前市长（Ed Lee）领导，负责推动整个市政府的数据驱动决策，并监督城市的数据治理和管理实践
6	2014	美国 洛杉矶市	自2014年以来，洛杉矶市一直设有首席数据官职位。Kevin McDorman于2014年被任命为数据创新办公室（Office of Data Innovation）的负责人，在设立首席数据官职位之前，洛杉矶在该市的IT部门设有数据分析经理的职位
7	2016	加拿大	首任首席数据官Alex Benay博士于2016年被任命，任期至2020年。该职位是作为联邦政府数据战略的一部分而设立的，旨在改善全国范围内的数据管理和使用

序号	年份	国家/地区	相关内容
8	2017	美国伊利诺伊州	负责管理和监督该州的数据资产，包括数据收集、分析和可视化。首席数据官与国家机构密切合作，制定数据驱动的政策和项目，并确保用于决策的数据的质量和完整性
9	2017	美国纽约市	Jorge Santiago 被任命为该市首位首席数据官。数据中心负责制定和实施数据驱动的政策和举措，以改善城市运营，加强居民服务，推动经济增长。在 Santiago 被任命之前，纽约市于 2010 年设立了首席分析官职位
10	2018	美国康涅狄格州	第一任首席数据官 Matt Nemerson 于 2018 年 5 月被任命。在该职位设立之前，数据管理和分析由州政府的各个部门负责
11	2018	美国新奥尔良市	新奥尔良市于 2018 年设立了首席数据官职位。首席数据官负责领导城市的数据驱动计划，包括数据管理、分析和可视化。该职位的设立是为了提高城市做出数据驱动决策的能力，并加强数据在城市运营中的使用
12	2018	新西兰	新西兰于 2018 年首次设立了首席数据官，任命 Paula Kim 博士为该国首个首席数据官。设立首席数据官的目的是为整个政府部门的数据管理和分析提供领导和指导

序号	年份	国家/地区	相关内容
13	2021	西班牙	经济事务和数字化转型部选择帕洛莫－洛萨诺（Palomo-Lozano）担任西班牙政府首席数据官，并责成技术专家在数字化和人工智能国务秘书的领导下建立西班牙数据办公室

资料来源：人民数据研究院根据公开资料整理

3.全球首席数据官的展望：挑战与机遇

当今世界技术迭代创新与产业融合发展快速演进，面对数据驱动及科学管理的需要，首席数据官的存在及发展已经成为必然趋势。不论是诸如企业等私营部门，还是政府机构等公共部门，首席数据官的设立及任命已是共识。普华永道思略特（2023）研究显示，自2017年以来，任命了首席数据官的企业在收入和盈利能力方面实现了相对更高的增长率。首席数据官的积极作用在四分之三的行业中得到彰显：与未设立类似职位的企业相比，任命了首席数据官的企业收入增长率至少高出5%，在公用事业、房地产和能源等部分行业中，这一差异甚至达到25%。

虽然设立首席数据官已经成为一种趋势，但也应该看到，首席数据官岗位的职责设定及具体工作的展开中，仍存在待解决的问题。Gartner 的一项调查表明，虽然首席数据官设立之初，在公司内部会受到拥护，但其任期相对其他管理岗位更为短暂，平均任职 2 年半左右，任期超过 3 年的案例十分少。[①] 而 IBM 在 2014—2016 年期间的市场调查也同样显示，很少有人能在首席数据官岗位上履职超过 2 年。

首席数据官要面临着技术、管理、人员、资金、文化变革等多重挑战。《2022 数据和人工智能领导力报告》显示，受访企业表示，在努力转变成数据驱动的过程中，所面临的最大挑战是文化障碍，且超过 90% 的受访者连续四年谈到这一点。[②] 在管理方面，建立企业级统一的数据驱动文化及指导方针迫在眉睫，超过 70% 的企业认为，在企业数据管理方案落地的过程中，缺乏数据文化

① InfoQ. 首席数据官：数据驱动时代的大势所趋［EB/OL］.（2022–04–06）［2023–10–17］. https://developer.aliyun.com/article/881906?spm=a2c6h.12873639.article-detail.23.57ba4634TpObFJ.

② NewVantage Partners. 2022 Data And AI Executive Survey［R/OL］.（2022–01–03）［2023–10–17］. https://www.businesswire.com/news/home/20220103005036/en/NewVantage-Partners-Releases-2022-Data-And-AI-Executive-Survey.

是主要阻碍。

对于组织来说，改变从来不是容易之事，从顶层架构设计到具体方案落地，其中牵涉方方面面，既有"道"的艰深又有"术"的繁杂，尤其对大型企业机构来说无异于"大象转身"。而当涉及传统企业和机构时，困难又在一定程度上被放大。这些企业、机构往往有长期成功的记录，其既定方法论已经取得了成效，惯性让改变尤为艰难。而在变革的过程中，文化障碍会以各种形式呈现，如组织架构、跨部门协作、经营目标迭代、考核标准更新等。

在技术方面，海量、多样且复杂的企业级数据治理及管理是需要解决的首要难题。首席数据官及其团队，一方面要着手解决企业在传统信息化建设过程中留下的"数据孤岛""信息烟囱"等阻碍数据发挥效用的绊脚石，另一方面要甄别并处理大量低质、冗余的数据，同时还要与其他业务部门、职能部门配合，驱动文化变革，让公司上下能够转变以数据驱动业务的思维。

首席数据官制度虽然发展迅速、势在必行，但目前对于各国来说，该制度都处于探索阶段，尚未有前例可循。面对全新技术的不断涌现、行业动态的瞬息万变、业务发展的需求蓬勃等现实，首席数据官应该承担何种具体职责、在组织架构中的具体位置及权能几何，公司应该如何调整企业文化及架构以适应数据驱动的发展变化，人们对于首席数据官应该寄予何种期望和愿景，都有待更多的探索和尝试。

二、首席数据官在中国的发展

1.我国首席数据官建设势在必行

当前全球范围内首席数据官制度发展迅速。在这一背景下，中国首席数据官制度的建设刻不容缓。

近年来，随着我国数字经济的发展，数据作为新型生产要素，快速融入我国生产、分配、流通、消费和社会服务管理等各环节，深刻改变着生产方式、生活方式和社会治理方式。我国拥有海量的数据规模和丰富的应用场景。《全国数据资源调查报告（2023年）》指出，2023年，全国数据生产总量达到32.85泽字节(ZB)，同比增长22.44%。全国数据存储总量为1.73泽字节(ZB)，存储空间利用率为59%。数据多场景应用、多主体复用难度大，96%的行业重点企业已实现数据场景化应用，但实现数据复用增值的大企业仅占8.3%，数据价值有待释放。

我国数据产量全球占比10.5%、数据存储量14.4%。我国的数据应用、管理、安全、创新能力等亟须提升。推动我国首席数据官制度的建设有了现实的需要和探索的基础。

2.我国企业首席数据官率先试行

在全球企业、国家探索并建设首席数据官制度的趋势背景下，我国对首席数据官制度的探索也加速追赶。2012年7月，阿里巴巴集团宣布在集团管理层设立首席数据官，负责全面推进其"数据分享平台"战略，媒体评论"这是中国国内企业第一次任命真正意义上的首席数据官"。

首席数据官这一职位逐渐引起企业界重视。如腾讯、华为、美团、京东、字节跳动等企业纷纷设立首席数据官或相类似的职位，加强对数据的管理、推动数据的创新应用。

2015年9月，易观智库、华为、中国新一代IT产业推进联盟联合发起首席数据官联盟成立仪式暨第一届首席数据官大会，聚拢来自监管部门、研究机构、企业等23家企事业单位加入其中。首席数据官联盟的成立，使更多政府层面、企业界相关人士认识到首席数据官的重要性，了解首席数据官的职能和权责等，进一步推动我国首席数据官制度的发展。

行业方面看，当前，首席数据官在金融行业等对数据依赖性较强的领域中呈现快速发展态势，相关机构也逐步推动企业建立首席数据官制度，推动金融数据的创新应用。

金融方面，2018年5月，中国银保监会发布《银行业金融机构数据治理指引》，鼓励银行业金融机构开展制度性探索，结合实际情况设置首席数据官。2021年12月，中国人民银行发布《金融科技发展规划（2022—2025年）》，强调要强化金融科技治理，加强数据能力建设。相关机构也逐步正视、思考并践行设立首席数据官。《中小银行金融科技发展研究报告（2022）》数据显示，54.79%的受访银行初步构建了企业级的数据管理部门，个别中小银行开始设立首席数据官，组织协调数据治理工作。然而，行业数据治理仍然面临一定挑战。数据显示，在"数据质量管控体制和考核评价机制应用"方面，仅有13.7%的受访中小银行进入"成熟生效"阶段，还有26.03%的受访银行"尚未部署"。因此，行业仍需进一步加强数据治理，适时设立首席数据官制度。

3.我国政府层面推动建设首席数据官制度

近年来，国家和行业、企业都越来越重视数据。我国正加快培育数据要素市场，推进数字化转型。首席数据官也得到政府层面的重视，并逐步上升到政策层面。其中，广东省率先进行试点。2021年5月，《广东省首席数据官制度试点工作方案》正式印发，选取广州、深圳、珠海、佛山、韶关、河源、中山、江门、茂名、肇庆市及广东省公安厅、人力资源和社会保障厅、自然资源厅、生态环境厅、医保局、地方金融监管局等6个省直部门开展试点工作，明确提出首席数据官制度建立的目标在于加快推进数据要素市场化配置改革，完善政务数据共享协调机制。其后，浙江省绍兴市和杭州市滨江区、江苏省、辽宁省沈阳市等地陆续开展首席数据官制度改革试点。

《数字中国发展报告（2022年）》指出，各地区加快制定出台数据开发利用的规则制度，已有22个省级行政区、4个副省级市出台数据相关条例，促进地方规范推进数据汇聚治理、开放共享、开发利用、安全保护等工作。多地积极探索数据管理机制创新。截至2022年底，全国已有26个省（自治区、直辖市）设置省级大数据管理服务机构，广东、天津、江苏等地区探索建立"首席数据官"机制。

2022年12月，"数据二十条"发布；2023年3月，国家数据局组建的消息公布；2023年10月25日，国家数据局正式挂牌成立。人们对首席数据官的关注度进一步提升。人民数据数据库显示，2023年6月—2024年6月期间，关于"首席数据官"的信息超过12万篇。2023年，网民关注"数据""数字政府""创新""大数据"等热词。2024年上半年，网民聚焦"数据要素"时关注"人工智能""新质生产力""要素"等热词。

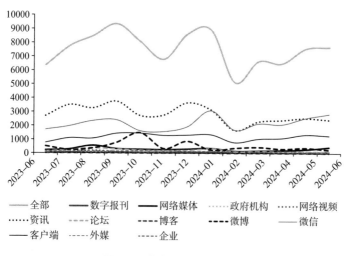

图3-3 首席数据官的信息量

资料来源：人民数据数据库，时间：2023年6月—2024年6月

加快推进首席数据官制度的建设。人民数据数据库数据显示，截至2023年底，我国已有超过10个省（自治区、直辖市）发布建设首席数据官制度相关政策文件。

表3-3　我国部分省级发布的首席数据官制度政策

序号	发布时间	省（自治区、直辖市）	政策名称
1	2021年5月	广东	《广东省首席数据官制度试点工作方案》
2	2021年5月	江苏	《江苏省企业首席数据官制度建设指南（试行）》
3	2021年8月	山东	《山东省企业总数据师制度试点工作建设方案》
4	2021年11月	上海	《上海市数据条例》
5	2021年12月	黑龙江	《黑龙江省人民政府关于印发黑龙江省"十四五"数字政府建设规划的通知》
6	2022年1月	黑龙江	《黑龙江省加快平台经济高质量发展的实施意见》
7	2022年4月	广西	《2022年广西数据要素市场化改革工作要点》
8	2022年5月	江西	《江西省数字政府建设三年行动计划（2022—2024年）》
9	2022年5月	安徽	《安徽省开展首席数据官试点工作方案》
10	2022年8月	广东	《广东省企业首席数据官建设指南（2022年）》

续表

序号	发布时间	省（自治区、直辖市）	政策名称
11	2022年11月	北京	《北京市数字经济促进条例》
12	2022年12月	天津	《关于建立首席数据官制度的工作方案》
13	2022年12月	广西	《广西壮族自治区首席数据官制度试点工作方案》
14	2023年2月	新疆	《新疆维吾尔自治区公共数据管理办法（试行）》
15	2023年4月	河南	《河南省加强数字政府建设实施方案（2023—2025年）》
16	2023年4月	江苏	《江苏省数字政府建设2023年工作要点》
17	2023年5月	上海	《上海市电信和互联网行业首席数据官制度建设指南（试行）》
18	2023年5月	四川	《四川省企业首席数据官制度建设指南（试行）（征求意见稿）》
19	2023年6月	北京	《关于更好发挥数据要素作用进一步加快发展数字经济的实施意见》
20	2023年7月	浙江	《浙江省企业首席数据官建设指南（试行）》
21	2023年9月	北京	《公共数据管理办法（试行）》
22	2023年10月	北京	《北京市首席数据官制度试点工作方案》

续表

序号	发布时间	省（自治区、直辖市）	政策名称
23	2023年10月	云南	《云南省公共数据管理办法（征求意见稿）》
24	2024年7月	河南	《河南省企业首席数据官制度试点工作方案（试行）》
25	2024年7月	河南	《河南市加快数字人才培育支撑数字经济发展实施方案（2024—2026年）》

资料来源：人民数据研究院根据公开资料整理

　　我国首席数据官相关政策可以分为两大类：政府机构内部设置首席数据官和政府引导企业设立企业首席数据官。在政府机构内部设置首席数据官的案例中，比较典型的是广东省。广东省积极探索政府首席数据官制度，加快数据要素市场化配置改革，完善政务数据共享协调机制。在政府引导企业设立企业首席数据官的案例中，比较典型的是江苏省。2021年5月，《江苏省企业首席数据官制度建设指南（试行）》发布，从建设原则、内容、保障措施等方面引导企业建设首席数据官制度体系。

　　2023年以来，北京市、上海市、江苏省、四川省、河南省、浙江省等地区加快推动首席数据官制度的建设，各县（区）也相继出台政策，加快当地首席数据官制度建设。

我国数据要素市场规模越来越大，数据要素开发利用有待进一步提高。当前，政府部门引入首席数据官制度、行业重视首席数据官制度推行、企业设立首席数据官职位，体现出数字社会快速发展下，对数据管理的需求日益提升，同时也意味着国内数据要素市场化配置改革正逐步进入深水区。

第二节　首席数据官体制建设的意义

随着大数据、云计算、区块链、人工智能等新型信息技术的加速发展及规模化应用，数据已经成为继土地、劳动力、资本、技术之后的第五大生产要素，成为国家基础性战略资源，并快速融入生产生活各个领域，在推动数字经济发展方面的作用日益凸显。为了应对数字化浪潮带来的挑战和机遇，政府和企业都需要积极采取措施，加强数据管理和利用，推动数据驱动的决策和创新。在此背景下，建设首席数据官制度成为必然选择。

一、与数字经济时代价值理念相匹配

首席数据官作为数字经济时代的数据管理专业人才，职责主要在于促进数据的开放利用，充分挖掘数据的深层价值。这种职责定位与数字时代的价值理念高度契合。

一方面，首席数据官要与推动数据开放和利用的决策协同。随着数字时代的到来，数据已经成为企业和政府决策的重要依据，也是推动经济社会发展的重要资源。因此，促进数据的开放利用已经成为数字时代的重要任务之一。而首席数据官的职责定位就是促进数据开放利用，挖掘数据深层价值。首席数据官通过对数据的收集、整理、分析和挖掘，可以为企业和政府提供更准确、更全面的数据支持。同时，他们还负责制定数据开放政策，推动数据共享和流通，促进数据的创新应用和价值最大化。在这个过程中，首席数据官需要关注数据的质量和准确性，确保数据可靠可信。此外，还需要了解市场需求和趋势，将数据转化为实际的生产力和竞争力，为社会创造更大的价值。

另一方面，数字经济时代首席数据官要倡导数据开放利用的理念。首先，首席数据官要关注数据的收集、整理和分析。需要了解数据的来源和质量，掌握数据的特征和规律，发现数据中隐藏的信息和价值。同时，还需要制定科学的数据治理政策，保证数据的安全性和隐私性。其次，首席数据官要推动数据的共享和流通，协调各方利益关系，搭建数据共享平台，制定数据共享规范和标准，促进数据的流通和共享，提高数据的利用效率和价值，促进数据创新应用，推动产业升级。最后，首席数据官要关注数据的可持续性和未来发展，制定长远的数据发展战略和规划。

二、海量数据管理与丰富场景应用的需求

当前，我国已进入数字化转型的关键期。随着《企业数据资源相关会计处理暂行规定》（财会〔2023〕11号）的发布，数据资产入表进程加快，数据的资产属性日益凸显。根据国际数据公司（IDC）预测，到2025年全球数据量将达到163ZB。随着数据规模的不断扩大，保障数据的安全性、规范性、准确性和有效性变得至关重要。

在数字化转型的关键期，海量数据的复杂性和多样性对数据的管理和应用场景提出了更高的要求。当前政

府、企业等各类组织数据底数不清、数据质量不高、数据管理不善、数据价值不明等问题仍然突出，政府和企业对数据资产管理和数据战略规划方面的需求日益迫切，需要有专业的数据人才队伍和数据职能部门提供支持。

建设首席数据官制度作为数据治理的具体实践，是提升数据治理能力、优化数据资源配置、权衡各方利益冲突、推动数字政府建设的一项重要举措。同时，作为数据资产管理专家的首席数据官也是推动组织数字化转型的核心角色，具备"多面手"和"结合体"等多重身份，因此未来必将成为高端数据人才争夺的热点。

企业首席数据官是指负责企业级数据和信息战略、治理、控制、政策制定和有效利用的高级管理人员，负责创建和执行数据与分析战略，以推动数据实现商业价值，并确定、制定和执行组织获取、管理、分析和治理数据的战略和方法。首席数据官还需与CEO保持沟通，确保董事会关注和认可数据战略、数据管理，并使其与企业战略和业务目标保持一致。首席数据官的职责不仅包括信息保护和隐私、信息治理、数据质量和数据生命周期管理，还要利用数据资产创造业务价值，推动确定新的商业机会，建设企业数据文化，提升员工数据能力，并确保数据监管合规合法。因此，企业首席数据官是具有重要战略意义和责任的业务领导者。

政府首席数据官是负责制定和执行政府数据战略决策，推动数据共享开放，创新数据融合应用，提升政府数据治理能力，并推动地方数字经济发展的高级官员。他们需要聚集多元化的员工队伍，包括数据科学家、房地产专家、数据架构师、采购专家、技术专家和政策分析师等，构建有凝聚力的团队。政府首席数据官还需要具备数据治理的内生能力、运营能力、综合领导能力和绩效管理能力，以应对开放兼容的工作原则和种类繁杂的数据任务。

因此，设立首席数据官这一职位可以更好地满足政府和企业对海量数据管理与丰富场景应用的需求，提高数据的利用效率和价值发挥，为企业和政府的决策提供更有价值的数据支持，助力整个社会数字化进程。

三、日益严峻的数据安全形势的需要

在数字化改革背景下，数据安全面临一系列风险挑战。数据非法访问、数据窃取、网络攻击等安全风险不断增大。相应的数据安全责任、数据的定向与分级开放问题亟待解决。①为了应对这些问题，保障数据安全和促进数据的开发利用已成为当前的重要课题。数据入表意味着数据将完成从自然资源到经济资产的跨越，这将极大增加企业开展数据资源挖掘工作的动力，同时也对企业如何保障数据安全和符合相关法规提出了更高的要求。

数据安全不仅仅是法律和制度问题，更是技术问题。但通过聚合行业之力，借助新兴技术手段可以支撑并实现数据安全的落地。首席数据官作为部门数据的第一责任人，数据统筹管理者，也是数据价值发掘者、数据安全守护者，可以通过与IT安全团队合作，有效控制关键数据资产，聚焦数据全生命周期安全。

此外，首席数据官的监管功能在于统筹公共数据和对接企业私有数据，推动数据的分类分级管理，这在保障合规安全及跨场景流动交易上具有相当的必要性。有助于保证数据在生产、存储、传输、访问、使用、销毁、公开等全过程中的安全，以及数据处理过程的保密性、完整性和可用性。

---

① 蒋敏娟.迈向数据驱动的政府：数字经济时代的首席数据官——内涵、价值与推进策略［J］.行政管理改革，2022（05）：31-40.

第四章　首席数据官的内涵

第一节　首席数据官的概念

一、首席数据官的定义

1.首席数据官的内涵

数据作为数字经济时代的战略资产，已经成为推动经济社会发展的关键要素。不同领域的数据需求差异导致不同组织和机构的数据成熟度存在差异。因此，各方对于设立首席数据官的探索仍处于初级阶段。当前，首席数据官的内涵和外延尚未形成明确且统一的界定，主要是通过列举首席数据官的职责来构建其概念。

　　早期的首席数据官被定义为组织机构内承担数据质量管理职责的高层管理人员。①经历长时间的探索实践，首席数据官的概念逐渐得到了扩展和深化。IBM商业价值研究院基于企业的数字实践提出，首席数据官是创建和执行数据分析策略以推动业务价值的业务引领者。②中国信息协会常务理事、新经济研究院院长朱克力认为，首席数据官是一个机构统筹管理数据资源的第一责任人。首席数据官负责解决数据孤岛问题，打破数据资源及开发的碎片化模式，形成整体联动、高效协同、安全可控的数据治理强大合力，推进数据要素有序流通，激发数据要素潜力，释放数据要素红利。③

　　在国家立法层面，设立首席数据官，统筹国家数据战略推进、推动政府数据资源的开放共享与开发利用，已经

　　① GRIFFIN J. The role of the chief data officer［J］. Information management，2008，18（2）：28.

　　② IBM Institute for Business Value. The new hero of big data and analytics：The chief data officer［R/OL］.（2020-01-16）［2023-10-26］. https://www.ibm.com/downloads/cas/MQBM7GOW.

　　③ 焦磊. "聚焦数据要素应用发展"系列报道之二：多地试点首席数据官制度 数据治理合力加速形成［EB/OL］.（2022-07-11）［2023-10-26］. http://finance.people.com.cn/n1/2022/0711/c1004-32471845.html.

成为许多国家政府数据治理组织体系创新的重要举措。美国是首个将首席数据官制度写入法律的国家。《循证决策基础法案2018》要求联邦政府的所有机构都任命一名首席数据官，并采取行动推动数据能力现代化，从而在整个联邦政府层面实现数据驱动决策。该法案列举了首席数据官的四项职责，包括全生命周期数据管理、确保组织数据符合数据管理最佳实践、与首席信息官（CIO）进行合作，以及确保在可行范围内最大限度地利用数据。[①]

我国的研究和政策将政府首席数据官和企业首席数据官加以区分。政府首席数据官强调促进数据的共享与开放，提高数据驱动的决策，同时保障数据的安全和隐私。夏义堃对政府首席数据官制度的性质属性、结构特征、运行机制等核心内涵进行了系统性的梳理（见表4-1）。同时，他强调政府首席数据官涉及多个领域，包括不同机构间数据流动的授权、开放、隐私保护等数据制度衔接，技术参数、元数据标准、数据格式等数据规范的统一，以及数据活动的相互配合。其根本目标在于协调各方对数据的诉求，并平衡各单位间的横向协作

---

① The 115th United States Congress. Foundations for Evidence-Based Policymaking Act of 2018［Z］. 2019-01-14.

与纵向问责关系。[①]

表4-1　政府首席数据官制度的核心内涵

要素	核心特征	基本描述
属性	开放性	政府、企业、社会乃至公民个体均为主体，均有机会参与政府数据收集、加工、传播、再利用以及相关工具、平台开发等业务
构成	融合性	异制多源数据的融合＋不同系统、平台的互通＋多诉求利益相关者的价值碰撞
机制	复合性	政府指导下数据服务的行政机制、市场机制以及公益机制、社会自治机制相互交织，交替发挥作用，多种关系混合
功能	综合性	以数据价值为中心的宏观统筹规划、中观指导监控、微观执行协同，数据驱动型决策、用户导向型数据管理与开放式共享应用为一体
资源	交织性	政府体制内人、财、物与数据资源的集中调配和市场、社会相关资源的融入
权利	贯通性	数据资源决策权、指挥权以及相关的人、财、物配置权能够在政府体系内外实现上下贯通、纵横畅通

企业首席数据官更多考虑数据利用的效率和效益，重在推动实现业务价值。2022年，《广东省企业首席数据官建设指南》将企业首席数据官定义为有效管理和运用企

---

① 夏义堃.论政府首席数据官制度的建立：兼论大数据局模式与运行机制［J］.图书情报工作，2020，64（18）：21-29.

业数据资产、充分挖掘数据价值、驱动业务创新和业务转型变革的企业负责人。[①]中国电子信息行业联合会发布的《企业首席数据官制度建设指南》指出企业首席数据官是统筹管理数据资产、系统开展内外部数据开放共享和价值开发的首要负责人，是推动以数据为核心要素的创新转型、合法合规开辟价值增长新空间的关键领导角色。

表4-2　企业首席数据官制度的核心内涵[②]

要素	核心特征	基本描述
属性	自主性	充分发挥市场在资源配置中的决定性作用，强化企业在数据要素市场上的主体地位，支持企业自主设立职位并遴选聘任CDO。
构成	系统性	数据资源跨部门、跨企业、跨产业流通+与不同系统有机协调运转+企业内外部数据资源的整合。
机制	协同性	建立健全数据要素市场体制机制，健全业务驱动数据治理的体制机制，建立数据驱动生产经营管理的体制机制。 与CIO、CSO等制度实现有机协调运转，构建完善的数字化转型治理机制。

---

① 广东省工业和信息化厅.广东省企业首席数据官建设指南［Z］2022-08-26.

② 表4-2中的"要素""基本描述"系综合中国电子信息行业联合会发布的《企业首席数据官制度建设指南》和《广东省企业首席数据官建设指南》整理分析所得，"核心特征"为笔者提炼。

续表

要素	核心特征	基本描述
功能	收益性	以获得可持续发展效益为核心工作依据，鼓励企业通过CDO制度运行充分挖掘内外部数据价值，推动数据资源开发利用和数据资产化运营。企业CDO全面负责企业数据归集、管理、开发利用、合规治理及相关制度机制建设，推动数据资产化运营与变现，领导数据归口管理部门。企业应组建由CDO直接管理的数据人才队伍，并配套开展部门设置、职位职级设置和跨部门协同机制建设，统筹数据战略、数据治理、数据开发利用、数据安全、数据人才、数据文化等工作，推进以数据为关键要素的数字化转型。
资源	整合性	有效积累整合企业内外部数据资源，组织建设企业CDO人才资源库。
权利	开放性	企业应当以制度形式赋予CDO对企业重大事务的知情权、参与权和决策权。

综上，首席数据官是政府、企业等组织机构中负责数据全生命周期治理的第一责任人，主要承担管理数据资源、提升数据质量、促进数据利用、数据安全治理等核心职能，以此推动提高组织数字化转型水平或数据资产化水平，进而实现数据驱动决策价值、业务价值或资产价值的创新与增益。

2. 首席数据官的定位

随着数据治理环境和数字生态越来越复杂多变，首席数据官需要承担起多重角色并完成多样化的任务。不同层级和不同部门首席数据官的定位可能会有所不同，但通常都以数据管理为起点，扮演数据的指定领导者，对整个组织的数据承担全部责任，并致力于实现数据驱动的变革。理解首席数据官的多重角色及作用空间，可以帮助政府和企业更好地探索和发挥首席数据官的价值。

Lee 和 Madnick 等学者从协作方向（向内 vs 向外的数据管理）、数据空间（大数据 vs 传统数据）、价值影响（服务 vs 战略）三个维度建立了首席数据官角色的三维立体框架，并将首席数据官的角色分为八种类型：协调者（Coordinator）、汇报者（Reporter）、架构师（Architect）、外交官（Ambassador）、分析师（Analyst）、推广者（Marketer）、开发者（Developer）和实验员（Experimenter）。[1]前四个角色关注传统数据空间，后四个角色则聚焦大数据在组织战略和发展中的作用，该立体框架为组织评估和规划首席数据官的角色建立了行动指南。

---

[1] Lee Y, Madnick S, Wang R. A cubic framework for the chief data officer: succeeding in a world of big data [J]. MIS Quarterly Executive, 2014（1）.

　　基于我国国情，蒋敏娟提出数字经济时代的政府首席数据官应扮演三个角色：领导者、协调者和赋能者。"领导者"指在政府业务的战略决策层，首席数据官要发挥导向功能，确保政府部门是数据驱动型机构；"协调者"强调首席数据官要负责统筹协调分散在组织内外的数据，实现数据的整合、开放与共享；"赋能者"指首席数据官要重视数据赋能，积极寻找为政府组织开发利用大数据的新机会，促进数据价值的挖掘与应用。[①]

　　基于对企业首席数据官的调研，聂钰等学者将数字经济时代企业首席数据官的角色分为五种，分别为数据管理者、商业价值挖掘者、决策制定者、协调者、数据概念及技能推广者。调研结果显示，数据管理者和商业价值挖掘者的角色权重占到了62%，即优化数据管理流程，提升数据治理及挖掘新的商业机会是企业首席数据官的主要使命。其中，数据管理者是最重要的角色，商业价值挖掘者是次要角色；决策制定者和协调者起到支持的作用，与数据管理者角色一起支持商业价值挖掘者角色的实现；数据概念及技能推广者则能促进企业内外部对于首席数据官工

---

　　① 蒋敏娟.迈向数据驱动的政府：数字经济时代的首席数据官——内涵、价值与推进策略［J］.行政管理改革，2022（05）：31-40.

作的理解、配合和支持，还能为首席数据官团队的建设培养后备力量，为首席数据官其他角色的实现提供保障。①

二、首席数据官的评估标准

宏观层面，从域外到域内，首席数据官履职效果的评估标准经历了一系列演变。2011年，Aiken等人最先通过对数据管理专业人员的跟踪研究，按照能力成熟度模型②划分了数据管理实践成熟度等级，它们分别是初始级（数据管理计划协调）、重复级（企业数据集成）、定义级（数据管理专员制度）、管理级（数据开发）和优化级（数据支持操作）。③

2018年10月，国家质量监督检验检疫总局和国家标准化管理委员会共同发布了《数据管理能力成熟度评估

---

① 聂钰，肖忠东，冯泰文，等.数字经济时代首席数据官的角色与职责 [J].中国科技论坛，2019（07）：157-164.

② 能力成熟度模型（CMM）最初是对于软件组织在定义、实施、度量、控制和改善其软件过程的实践中各个发展阶段的描述。后来，该模型被广泛应用为其他组织中过程成熟度的一般模型。

③ Aiken P，Gillenson M，Zhang X，et al. Data Management and Data Administration：Assessing 25 Years of Practice [J]. Journal of Database Management（JDM），2011，22（3）.

模型》。① 这是我国首个数据管理领域的国家标准，旨在帮助企业利用先进的数据管理理念和方法，建立和评价自身数据管理能力，持续完善数据管理组织、程序和制度，充分发挥数据在促进企业向信息化、数字化、智能化发展方面的价值。上述国标对DCMM数据管理能力成熟度评估模型定义了数据战略、数据治理、数据架构、数据应用、数据安全、数据质量、数据标准和数据生存周期8个核心能力域，细分为28个过程域和445条能力等级标准。同时，还将数据管理能力成熟度划分为五个等级，自低向高依次为初始级（1级）、受管理级（2级）、稳健级（3级）、量化管理级（4级）和优化级（5级），不同等级代表企业数据管理和应用的成熟度水平不同。

在首席数据官知识体系评估方面，中国电子技术标准化研究院基于工业和信息化部2021年发布的SJ/T 11788-2021《大数据从业人员能力要求》行业核心标准内容，结合国家以及地区政策、企业发展状况，梳理了首席数据官知识体系。该知识体系包含5个部分和22个具体项。其中，5个部分是对首席数据官的能力提出的要求，包括大数据基础、大数据分析、大数据管理、大

① GB/T 36073-2018，数据管理能力成熟度评估模型［S］.

数据安全和大数据应用。该知识体系为试点地区的数据
业务指导和人才培养提供了有力的技术支撑。

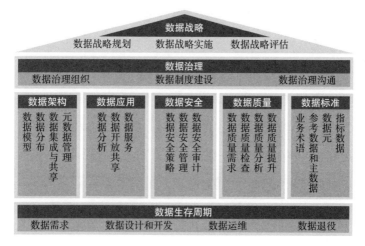

图4-1 《数据管理能力成熟度评估模型》有关DCMM评估模型的定义

资料来源：中国电子信息行业联合会

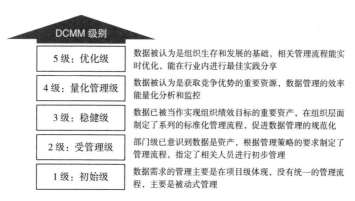

图4-2 《数据管理能力成熟度评估模型》有关DCMM的级别划分

资料来源：中国电子信息行业联合会

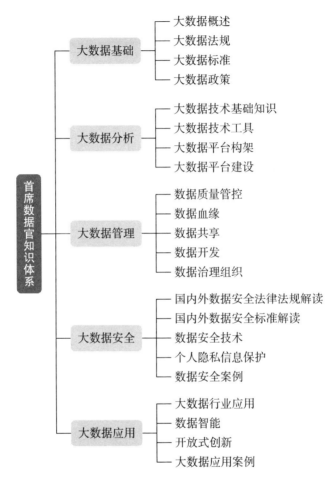

大数据基础
— 大数据概述
— 大数据法规
— 大数据标准
— 大数据政策

大数据分析
— 大数据技术基础知识
— 大数据技术工具
— 大数据平台构架
— 大数据平台建设

大数据管理
— 数据质量管控
— 数据血缘
— 数据共享
— 数据开发
— 数据治理组织

大数据安全
— 国内外数据安全法律法规解读
— 国内外数据安全标准解读
— 数据安全技术
— 个人隐私信息保护
— 数据安全案例

大数据应用
— 大数据行业应用
— 数据智能
— 开放式创新
— 大数据应用案例

首席数据官知识体系

图4-3　首席数据官知识体系

资料来源：中国电子技术标准化研究院

此外，首席数据官知识体系在数据价值创造这一维度的评估标准上，通常情况下，高层管理者的决策将直接影响公司的收益，部分专家认为首席数据官的履职评价应与公司的收益挂钩。然而，数据管理是一项长期任务，当数据量积累到一定程度后才可能带来显著的收益。在数据管理的初期，通常难以实时掌握数据驱动创新所带来的投资回报。这些问题制约了传统企业或初创企业在数据管理方面的尝试和投入。

为解决此类问题，财政部发布了《企业数据资源相关会计处理暂行规定》（财会〔2023〕11号）。该暂行规定自2024年1月1日起实施，明确规定了可被确认为相关资产的数据资源，以及对不满足资产确认条件而未予确认的数据资源的相关会计处理方式。这为企业的数据资源管理提供了明确的会计处理指导，有助于提高企业数据管理的规范性和效率，为进一步实现数据的基础资源作用和创新引擎作用奠定了坚实基础。对首席数据官的工作成效评估标准而言，应积极有效、全面参考这类有关数据资产的新政策，带领企业实现更大商业价值。①

---

① 财政部.企业数据资源相关会计处理暂行规定［Z］.2023-08-01.

第二节　首席数据官与其他数字领域人才的异同解析[①]

一、首席数据官与首席信息官

企业信息化和数字化在国家战略、竞争环境、目标、商业价值等方面存在显著差异，同样的，组织体系中的首席信息官和首席数据官的核心职责和主要能力也各有不同。

根据美国《CIO》杂志，首席信息官是负责一个公司信息技术和系统所有领域的高级官员。他们通过指导对信息技术的利用来支持公司的目标。他们具备技术和业务过程两方面的知识，具有多功能的概念，常常是将组织的技术调配战略与业务战略紧密结合在一起的最佳人选。

[①]　在我国，本章节提及的职位通常指的是公司中的高层管理人员。尽管也存在政府首席信息官等制度的相关研究，但是该类制度并没有被政府广泛应用。因此，本章节将主要讨论企业首席数据官与企业中其他数字领域人才的异同。

在过去，首席信息官的职责主要是提供最符合企业现状和未来发展的信息技术，其中也包括数据分析的能力。然而，随着数据量的指数级增长、数据分析算法和技术迭代更新，数据在创新应用和产业优化升级方面的作用日益突出，数据的资产属性逐渐显现。同时，信息系统开发与数据管理的工作逻辑差异也日益显著。本质上，这两者存在一定的冲突。信息系统开发的主要目的是创造某些事物。这些事物在之前并不存在，但未来以可重复、标准化的方式运行，从而降低开发成本。系统开发侧重创建新的解决方案。相比之下，数据管理工作的目标是为接下来的信息系统开发项目提供相关的环境。数据管理架构并非创造出来的，而是不断演进优化出来的。数据管理架构的流程更侧重于维护、再造和演进。把数据架构从当前状态演进到某个预期状态可能需要几年的时间。这种演进只能在传统以项目为核心的应用系统开发过程之外进行。在应用系统开发的范式中，创建数据架构完全在应用系统的范畴之内，导致数据不能被组织的其他部分应用。此外，数据的利用需要专业的知识、专注的资源以及持续的组织承诺，这些要素在非专业数据管理人员管理的组织中普遍缺失。高质量的数据利用依赖于对数据架构和工程概念的理解，而在当下这些内容并未出现在任何特定的培训之中，也未被大部分信息技术人员所熟知。

因此，组织需要设立首席数据官这一新型职位，将数据管理从信息系统开发中独立出来。设立首席数据官之后，首席信息官把数据管理的工作移交给首席数据官，并为首席数据官提供数据挖掘的工具和技术支持，改善数据基础设施，以减少数据资产可访问性的障碍。咨询公司 Carruthers & Jackson 的董事 Caroline Carruthers 将首席信息官和首席数据官之间的关系类比为桶和水的关系。首席信息官是负责存储桶的人，他们负责确保桶的大小合适，是否安全，并且确保桶放在正确的位置。而首席数据官负责处理桶中的流体，确保液体流向正确的位置，确保其质量和开始时都是正确的流体。没有桶或没有水都无法正常工作。

二、首席数据官与首席技术官

首席技术官是负责技术资源行政管理的高级管理人员，主要职责包括制定技术愿景和战略、把握总体技术方向、监督技术研究与发展的活动、指导技术选型和解决具体技术问题，并完成各项技术任务。首席技术官的职责并不涉及首席信息官或首席数据官的工作，而是专注于企业的核心技术，如制造型企业的生产技术。通常只有在高科技企业、研发单位、生产单位等才会设立首席技术官职位。这一职位类似于常说的总工程师，需要对企业总经理负责，并负责领导企业的技术发展方向、战略计划的制订与实施。

三、首席数据官与首席数字官

首席数据官和首席数字官（Chief Digital Officer）都是近年来随着数字化转型深入发展而涌现出的新职业，由于两者名称相近且英文缩写均为CDO，常被混淆。

根据《2021中国首席数字官白皮书》的界定，首席数字官的岗位设定和角色主要包括发展数字化愿景和战略、制定数字化转型政策、协调和协同组织内部各方面的数字化转型工作、推进和管理组织变革和转型、开发新的数字业务和产品服务五大方面。首席数字官的角色大致分为三种类型：数字化推进者（企业家角色推动数字化转型)、数字化营销者(负责与外界沟通并推销数字化转型成果)以及数字化协调者(作为数字化转型团队的领导者进行协调工作)。首席数字官是推动企业数字化转型的关键领导者和核心规划者,具有较高的战略地位。国内企业和专家学者对首席数字官的职责定位主要集中在战略层面,其中排名前五的职责分别是:(1)制定企业清晰的数字化发展愿景;(2)对数字化环境的变化有敏锐洞察力;(3)对数字化技术价值有充分理解;(4)为数字化转型制定长期而非短期规划;(5)明确企业在数字生态中的定位。①

综上所述,首席数字官与首席数据官在数字化转型中的角色存在一定的差异。首席数字官主要关注企业的整体数字化转型,通过指导降本增效和管理组织痛点等手段,推动企业实现创新发展。在外部环境发生变化时,首席数字官需要辅助总经理进行决策。而首席数据官则聚焦于企业数据资产的管理,将传统资产数字化,并努力挖掘数据资产的价值。当企业的数据量越来越大,处

---

① 首席数字官.《2021中国首席数据官白皮书》发布 [EB/OL]. (2021-04-16)[2023-10-26]. https://baijiahao.baidu.com/s?id=16972019215 80186609&wfr=spider&for=pc.

理难度越来越复杂的时候，首席数据官需要探索让数据驱动创新发展路径。因此，首席数字官和首席数据官是两个不同的职位，虽然都是数字化转型中的关键角色，但两者的职责和工作重点有所不同。

四、首席数据官与数据分析师/数据科学家

大数据分析能力在首席数据官的能力体系中占据重要地位。因此，有人认为首席数据官的任务与数据分析师、数据科学家相似，都是利用和组织数据进行深度分析并得出有益的结果。然而，数据分析师或数据科学家可能更关注某个具体问题或项目的特定数据分析需求，而首席数据官则从战略层面全面把握和分析数据，为企业战略计划的制订提供重要支撑。因此，数据分析师或数据科学家更适合作为首席数据官的下属，协助其整体分析数据和制定数据战略。

例如，芝加哥市的首席数据官办公室就由高级分析团队、开放数据团队、业务智能团队和数据管理团队四部分构成。其中，高级分析团队致力于数据分析平台的运营；开放数据团队负责管理政府数据门户；业务智

能团队提供用户界面以供市政厅工作人员使用数据；而数据管理团队则负责芝加哥各类市政数据库的维护和管理。①

第三节　首席数据官的职能与需求

一、首席数据官的职责范围

2002 年，美国第一资本公司在全球范围内第一次设立首席数据官，之后对首席数据官的职责范围，国内外的政府、企业和专家学者给出了不同的定义。

1.学者对首席数据官职责范围的定义

国外专家学者怀斯曼（Wiseman）在 *Data-driven government: The role of chief data officers* 中指出，首席

① NOH K S. A study on the position of CDO for improving competitiveness based big data in cluster computing environment ［J］. Cluster compute，2016，19：1659–1669.

数据官的职责可以大致分为三类：一是以组织为重点的首席数据官，致力于建立和维护数据基础设施，实施数据治理；二是以业务用户为重点的首席数据官，其主要职能在于数据分析、进行员工数字素养与技能培训、建立用户自助服务平台及工具等；三是跨边界数据开放和共享的首席数据官，其主要职能在于开放数据，运用传感器、物联网等智能技术传输和管理数据，并提供以用户为中心的数字服务等。①

有学者在 *Rise of the Chief Data Officer* 中表示，首席数据官的职责在于负责控制所在机构的数据质量、进行数据分析和数据管理以及维护系统和数据安全、隐私保护等数据治理工作。②Kamioka 等人指出，首席数据官主要负责通过治理数据和建立平台来实现数据驱动，并促进企业范围的数据分析和利用。此外，首席数据官还要负责管理、治理和利用信息作为组织资产。③

---

① Wiseman J M. Data-driven government: The role of chief data officers [EB/OL]. 2022-01-16.

② Hill G, Towers C, Borne K. Rise of the Chief Data Officer [J]. Big Data White Paper, Tealium, 2014.

③ Zhao Y, Kamioka T. Understanding the role of Chief Data Officers: insights from Japanese companies [C] //Proceedings of the 26th Pacific Asia Conference on Information Systems. 2022.

国内学者吴志刚指出，首席数据官作为组织内部统筹管理数据资源的首要责任人，其主要职责包括数据治理的策划者、基础设施的建设者、数据安全的监管者等6个方面，要求其拥有将组织内外部的数据汇聚好、管控好、利用好，进而形成数据驱动的智能优势的能力。[①]

在2023年中国数字经济创新发展大会举办的"企业首席数据官论坛"上，中国电子信息行业联合会首席数据官分会副会长常义提出，首席数据官需要深入了解企业现状和市场趋势，制定与企业业务战略相符合的数字化转型战略，明确数字化转型目标和路线图，确保数字化转型战略顺利实施。还要培养数字化人才，建立数字化人才培养体系，吸引和留住数字化人才，为企业数字化转型提供人才保障。[②]

2.政企对首席数据官职责范围的定义

设立全球首个首席数据官的美国第一资本公司认为，

[①] 吴志刚.从"五新"视角看待首席数据官的内涵［J］.数字经济，2022（07）：8-11.

[②] 蔡晓丹.推行首席数据官制度 发挥数据价值引领创新转型［N］.汕头日报，2023-08-24（004）.

首席数据官，主要负责的是数据系统的架构以及公司数据政策的合规性。

2012年，阿里巴巴设立首席数据官一职，其主要职责是负责规划和实施未来数据战略，推进支持集团各事业群的数据业务发展。

2021年，广东省印发《广东省首席数据官制度试点工作方案》，在国内率先推行首席数据官制度，设立首席数据官。该《方案》中明确了首席数据官的职责范围，要求首席数据官推进数字政府建设、统筹数据管理和融合创新、实施常态化指导监督、加强人才队伍建设。[①] 同年，江苏省也发布了《关于在全省推行企业首席数据官制度的通知》，规定首席数据官的主要职责是将数据战略引入企业的商业规划中，协调企业整体范围内数据的管理和运用，管理企业整体数据处理和数据挖掘过程，带领企业构建、激活并保持企业的数据管理能力。[②]2023年7月，浙江省经济和信息化厅发布了《浙江省企业首

---

① 广东省人民政府办公厅.广东省首席数据官制度试点工作方案〔Z〕.2021-05-14.

② 江苏省工业和信息化厅.关于在全省推行企业首席数据官制度的通知〔Z〕.2021-06-03.

席数据官建设指南（试行）》，其中也对首席数据官的职责进行了界定，要求首席数据官主要负责制定和执行数据战略，协调各部门落实相关数据项目；整合企业内外数据，创新挖掘数据资产价值，用数据赋能社会经济发展；制定企业数据标准和政策，强化数据合规、数据治理等。①

3.各界对首席数据官职责范围的初步共识

随着数字经济时代的来临，首席数据官在政府和企业中的角色越发重要。目前，各界对于首席数据官已经初步形成了以下三点共识。

第一，无论是国内还是国外，从首席数据官职责演变的历史变迁来看，普遍从单纯的"管"转变为更高层级的"治"。即从单纯的数据整合管理转向更高层级的数据深层治理，后者又延伸出实现数据资产价值和数据全生命周期治理两层内涵。

第二，在技术革新、监管环境不断变化以及组织数据成熟度不断提高的大环境下，首席数据官需要肩负起

---

① 浙江省经济和信息化厅.浙江省企业首席数据官建设指南（试行）[Z].2023-07-14.

组织内数据全生命周期管理的职责。在组织的数字化发展初期，首席数据官可能会将更多精力投入某个特定过程，而忽略类似数据共享这种短期内没有经济效益的过程。然而，从长期来看，新数据会伴随组织活动持续生成，并逐渐替换旧数据。如果组织的数据基础不够稳固、不够安全，那么通过数据驱动创新将变得异常困难。因此，组织需要提早进行规划，运用不同的方法和技能，实现规模化、高效化的数据采集和利用，以提高自身的数据成熟度，防止因不良的数据处理导致维护成本提高，甚至影响组织形象等现象。

第三，必须确立首席数据官的"首席"地位。长期关注数据与信息技术开发的生命周期存在一定的冲突。在信息技术开发的生命周期中，更关注以项目为核心的工作产品、实施和演进，这导致数据名称、语义和使用规则被封装在应用中，使数据很难实现跨职能、跨部门乃至整个组织内的适用性，从而扩大了数据孤岛问题，未充分发挥潜在的数据价值。同时，随着应用的不断增加，相同的数据被多次备份，无法保证数据的安全性。因此，数据管理需要从项目中独立出来，并由首席数据官统筹。组织应当将首席数据官设立为高层管理人员，赋予首席数据官接触所有项目数据的权利，这样才能更好地从组织架构层面统筹管理数据，使数据的利用效率最大化。虽然这种转变可能会给企业带来一些挑战和不适，但这样做将会提升组织的数据运行效率，并且可能比实施企业资源计划、六西格玛①或者其他解决方案成本更低。

值得关注的是，随着研究的不断深入和政企的积极探索，首席数据官的角色仍在不断地发展和深化。政府和企业必须充分认识这一趋势，积极推动数字化转型，培养或选拔具备数字技能和专业知识的人才担任这一关键职务。只有这样才能确保政府和企业在数字时代能够顺应趋势、应对挑战并获得成功。

二、首席数据官的任职资格

Peter Aiken和Michael Gorman在《首席数据官实战》中对首席数据官进行调研，结合调研结果，总结了首席

---

① 六西格玛是一种改善企业质量流程管理的技术，以"零缺陷"的完美商业追求，带动质量大幅提高、成本大幅降低，最终实现企业财务成效的提升与企业竞争力的突破。

数据官的任职资格及需要具备的特质，并指出想要成为一名首席数据官，最重要的是有数据治理、数据管理专员制度和数据质量等方面的专业经验；在特质上，要求首席数据官具备综合的技术能力、业务知识和人员沟通管理技巧。①

结合国内外专家学者近五年发表的相关文献以及国内相关政策来看，普遍要求首席数据官掌握传统的数据管理方法，同时注重与数字经济时代的数据管理理念相结合，改进传统的数据管理方法，适应时代要求。同时，也要求首席数据官具备业务领域经验及行业洞察能力，能够及时、准确判断数据资产为企业及行业发展带来的新机遇和风险。此外，还要求首席数据官具备领导能力与沟通协调能力，善于整合各方资源、协调各方诉求，统筹规划、带领团队高效执行任务。

1.在数据治理中发挥关键作用

数据治理是数据管理的基石。首席数据官在数据治理方面发挥关键作用，确保数据的高质量、一致性和合

---

① ［美］Peter Aiken，Gorman M.首席数据官实战：重铸高管团队，充分利用最有价值资产［M］.刘晨，宾军志，译.清华大学出版社，2015.

法性。包括：

数据标准化：首席数据官可以制定标准的数据格式和定义，确保数据在整个组织中的一致性。有助于消除数据冗余和混乱。

数据质量控制：通过实施数据质量控制措施，首席数据官可以监测和改进数据的准确性、完整性和一致性。有助于降低数据错误和决策失误的风险。

数据访问和共享：首席数据官可以推动数据的流通和共享，使不同部门和团队可以更轻松地访问和利用数据。有助于推动创新和协作。

2.数据安全意识提升

近年来，数据泄露和网络安全威胁事件不断发生，保障数据安全已成为企业的首要任务。首席数据官可以采取以下措施，确保数据的安全性：一是制定数据安全策略。首席数据官可以领导制定全面的数据安全策略，包括数据加密、访问控制、身份验证和网络安全措施。二是风险评估。首席数据官可以进行风险评估，以识别潜在的数据安全风险和威胁。有助于企业采取适当的措施，减轻潜在风险。三是危机管理。在数据被泄露或受到网络攻击时，首席数据官可以领导应急计划的制订和实施，以快速应对危机，降低损失。

3.实现数据驱动决策

首席数据官可以协助企业制定数据驱动的决策。制定决策过程涉及以下方面：一是数据分析。首席数据官可以推动数据分析和洞察的发展，从大数据中提取有价值的信息。通过使用数据可视化工具和高级分析技术，帮助企业更好地理解客户需求、市场趋势和竞争环境。二是战略规划。首席数据官可以在战略规划过程中提供数据支持，帮助企业识别机会和风险，制定战略目标和计划。有助于提高企业的竞争力和创新能力。三是实时决策。通过实时数据分析，企业可以更快速地做出决策，快速应对市场变化。首席数据官可以培养实时数据分析能力，帮助企业更灵活地应对挑战。

4.推动数据产品和服务创新

首席数据官还可以推动数据产品开发和服务的创新。数据产品开发方面，首席数据官可以带领团队开发数据驱动的产品，如数据分析工具、洞察力报告、数据集等。这些产品不仅能提供额外的收入，还能为客户提供有价值的信息。数据服务创新方面，首席数据官可以将数据作为服务提供给内部和外部客户。这种数据服务包括数据咨询、数据分析和定制数据解决方案。这扩展了企业的服务范围，创造了新的商机。打破数据壁垒，推动数据在企业内更好地消费和利用，通过数据分析主动支持业务，提升产品和服务质量水平、创新商业模式，为企业创造新的商业利润。

三、不同行业对首席数据官的需求

参考普华永道《首席数据官：发挥数据价值，引领创新型转型》[①]，首席数据官渗透率较高的行业分类有：互联网行业、金融行业、零售行业、能源通信行业、房地产和建筑行业、文化传媒行业、汽车行业。[②]本节将针对以上七个行业展开分析。

1.互联网行业

互联网行业是一个快速发展的行业，不断涌现出新

---

① 普华永道.首席数据官：发挥数据价值，引领创新型转型［R］.（2023-03-25）［2023-10-26］.https://www.strategyand.pwc.com/cn/zh/reports/2023/value-creating-chief-data-officers-mar2023.pdf.

② 编者依据普华永道研报的分类进行了粗略整合。

的业务模式和数据驱动的商业模式。由于互联网企业涉及大量的用户数据和业务数据，因此首席数据官在互联网行业的需求较大。在互联网行业中首席数据官需要帮助互联网企业建立数据治理和信息安全管理体系，并需确保数据的准确性和完整性，提高企业的竞争力和用户体验。

2.金融行业

金融行业涉及大量的金融数据和客户个人信息。这些信息如果被不当使用或泄露，会给企业和用户带来巨大的法律风险和经济损失。金融机构的首席数据官要密切推进信贷管理部门与风险管理部门的跨部门合作，利用数据分析和机器学习技术来提升信用评估的准确性、降低风险性。同时，首席数据官还需动态统筹协调机构内部信息技术和数据安全生态的迭代升级，提升金融数据加密和访问控制能力，以防发生金融数据泄露，维护企业自身利益、用户合法权益和金融安全。

3.零售行业

零售行业涉及大量的消费者数据和销售数据。通过对消费者行为和购买偏好进行分析，首席数据官可以帮助零售企业提高销售业绩和客户满意度。例如，通过对销售数据的分析，首席数据官可以预测未来的销售趋势，帮助企业制订更加准确的库存计划和采购计划。

4.能源通信行业

能源通信行业涉及大量的工业生产和能源消耗数据。首席数据官需要帮助企业加强数据管理和合规性管理，以提高企业的生产效率和能源利用效率。例如，通过分析生产数据，首席数据官可以发现生产过程中的瓶颈，提出改进措施和建议。在我国实施"双碳"战略的进程中，能源行业的首席数据官将在提升传统能源和新能源数据治理效能中发挥重要作用。

5.房地产和建筑行业

房地产和建筑行业高度依赖数据进行数字化转型，涉及大量的土地、房屋、工程等数据。首席数据官需要帮助企业加强数据管理和建筑信息模型（BIM）管理，提高企业的项目管理和施工效率。例如，通过BIM，首席数据官可以实现对建筑工程的全面监控和管理，确保项目的质量和进度。此外，在"绿色建筑"概念引领下，如何利用大数据让建筑更环保，也是房地产和建筑行业的首席数据官需持续探索的问题。

6.文化传媒行业

文化传媒行业通常与创意息息相关，涉及大量的内容数据和用户行为数据。首席数据官可以帮助文化传媒企业加强数据管理和用户行为分析，提高企业的创意水平和营销效果。例如，通过对用户行为数据的分析，首席数据官可以了解用户的兴趣和需求，为文化传媒产品的研发和推广提供有力的支持。此外，伴随数字媒体、AIGC等新兴媒介和技术的发展，文化传媒行业的首席数据官还需实时掌握数字传媒发展在当下和未来面临的法律合规风险、内容安全风险和道德伦理风险，从而为机构和企业的数字化创新安全"掌舵"。

7.汽车行业

汽车行业的技术自动化和机械化程度较高，涉及大量的生产、销售、维修等数据。首席数据官可以帮助汽车企业加强数据管理和生产管理系统（PMS）管理，提高企业的生产效率和客户满意度。例如，通过分析生产数据，首席数据官可以为企业提供更加合理的生产计划和资源分配方案。而在国内，面临近年来出台的监管政策和社会关注，智能网联汽车行业的首席数据官要前所未有地重视"加固"汽车数据安全合规体系，尤其不能对用户个人信息保护和隐私泄露问题视而不见。

第五章　首席数据官的职能

　　首席数据官主要负责所在机构的数据治理工作，如数据质量、数据分析、业务智能、数据管理以及系统和数据安全、隐私保护等，并迈向组织层级结构的顶层。[①]我国政府首席数据官和企业首席数据官的制度建设均有所发展。根据相关地区发布的有关首席数据官的政策，本章对首席数据官的职能进行梳理。

　　[①]　夏义堃.论政府首席数据官制度的建立：兼论大数据局模式与运行机制［J］.图书情报工作，2020，64（18）：21–29.

第一节　首席数据官的建设原则

我国多地发布的"首席数据官建设指南"中均提及了首席数据官制度的"建设原则"。例如,《广东省企业首席数据官建设指南》提出按照"企业主导、政府推动、价值优先、多方协同"的建设原则组织实施;《浙江省企业首席数据官制度建设指南(试行)》提出按照"企业主导、政府引导、价值优先、多方协同、合规发展"的原则实施;《四川省企业首席数据官制度建设指南(试行)(征求意见稿)》提出按照"政府引导、企业主体、权责一致、效益优先"的原则组织实施;中国电子信息行业联合会发布的《企业首席数据官制度建设指南》提出按照"价值导向、企业主导、系统优化、多方协同、合规发展"的原则组织实施。

综合而言,我国各地发布的"首席数据官制度建设指南"多是鼓励国有企业、基础电信企业、大型制造业企业、重点互联网企业等率先探索设立首席数据官,鼓励数字化基础较好、拥有较大规模数据资源、数据产品和服务能力较突出的各类企业设立首席数据官,主要围绕"政府引导、企业主导、价值优先、系统优化、多方协同、权责一致、合规发展"七大原则开展建设工作。

政府引导。行业主管部门根据行业特点和发展需求，积极引导、鼓励各种企业设立首席数据官，组织首席数据官培训交流平台，宣传推广企业优秀案例，帮助首席数据官提升业务水平和工作能力，鼓励各地人才管理部门将企业首席数据官列入产业人才政策范围。

企业主导。充分发挥市场在资源配置中的决定性作用，强化企业在数据要素市场上的主体地位，支持企业根据自身需求自主设立职位并遴选聘任首席数据官，充分发挥首席数据官在数据资产管理、数据人才、数据文化、数据安全等方面的领导作用。

价值优先。鼓励企业首席数据官充分挖掘企业内外部数据价值，推动数据资源开发利用和数据资产化运营，加强运用数据知识产权登记，培育数据创新生态，促进数据资源交易流通，释放数据要素活力，完善数据要素市场体制机制，通过数据管理应用实现企业效益提升。

系统优化。强化首席数据官制度与首席信息官（CIO）、首席安全官（CSO）等制度的有机协调运转以及对数字化转型的战略统筹作用。构建涵盖统筹规划、动态评价和持续改进的机制，发挥其整体协同效应。

多方协同。行业主管部门、省级相关部门、企业、社会组织加强企业首席数据官宣传引导，指导企业建立首席数据官人才库。推动社会和企业认识企业首席数据官在数据要素市场培育和数字化转型过程中的作用和意义。营造有利于企业首席数据官发挥才能的良好工作环境。鼓励数字化服务商全面参与首席数据官制度体系建设，为企业数据治理、数据驱动、数据增值提供技术支持。

权责一致。企业制定配套管理办法，明确首席数据官的具体权利和职责，保障企业首席数据官职责与义务应当同其所拥有的权利相匹配。

合规发展。引导企业在首席数据官制度建设运行过程中，深入贯彻落实《中华人民共和国数据安全法》等相关法律法规，坚持以数据开发利用和产业发展促进数据安全，以数据安全保障数据开发利用。严格落实数据分类分级、全生命周期安全管理、数据出境等相关要求，采取必要措施防止数据非法滥用，加强风险监测和应急处置，确保数据资产规范运营。①

---

① 《浙江省企业首席数据官制度建设指南（试行）》。

第二节 政府首席数据官的职责与要求

政府首席数据官制度的产生是政府数据管理格局调整、数据管理组织体系变革以及数字政府建设发展的产物。因此，在政府首席数据官的建设过程中在各地区政府、部门、单位设立本级首席数据官，将数据业务提升为本级重要工作内容之一，与数字政府建设目标有机结合，统筹协调数据治理和数据运营工作。

一、政府首席数据官的制度规范

从选用机制来看，政府首席数据官建设主要在省、市数字政府改革建设工作领导小组统一领导下，开展试点工作。由各试点市、县（市、区）政府和试点部门分别设立本级政府首席数据官，原则上首席数据官由本级政府或本部门分管数字政府改革建设工作的行政副职及以上领导兼任。其中，试点市、县（市、区）政府首席数据官由市级数字政府改革建设工作领导小组任免，报省政务服务数据管理局备案；各级试点部门首席数据官由本部门任免，报本级政务服务数据管理部门备案。各级政务服务数据管理部门负责牵头协调推进相关工作。这种选用机制，在一定程度上解决了政府内部数据条块分割问题，有利于推动数据的跨层级、跨部门共享，有利于统一大数据管理方面的职责，实现对数据资源的统筹调度管理，也有利于提升政府数据开放质量和保障政府数据安全。

从工作机制看，政府首席数据官需要协调、整合数据管理员和联络员、数据分析师和架构师、技术和政策专家等不同岗位的工作，从战略、规范、标准、流程、监管等不同维度关注数据治理与安全，做到用数据说话、用数据决策、用数据管理、用数据创新。各级大数据管理职能部门建立本级首席数据官常态化工作沟通、合作联动、业务交流机制，促进首席数据官数据治理工作的协作联动以及数据治理经验和知识的分享，通过制定数据质量管理、数据利益补偿与平衡等方面的标准规范和程序机制，促进跨部门、跨层级、跨领域的数据归集、数据共享、数据流动、数据合作活动，实现数据治理理念、目标、政策、流程、工具的协同。首席数据官承上启下、内外衔接的职能，建立层次分明、纵横贯通的首席数据官数据治理组织体系和运行机制，整合政府、企业、社会等各方数据资源和需求，打造全领域的全周期数据价值链，营造内外联动的数据治理协作格局，保障数据治理全方位进行。①

从考核机制来看，政府首席数据官属于行政人员，其考核一般放在行政机关内部进行。依据选用标准，政府首席数据官多是复合型人才，应该具备良好的管理能力、协调能力、数据挖掘与分析能力，并且熟悉大数据相关法律法规。因此，在考核内容方面，政府首席数据官的考核包括履职绩效、合规性、培训效果、专业能力等多方面。

不过，当前政府首席数据官考核机制仍不健全，如缺乏明确的评估标准和完善的评估体系，专业性不足等。可从以下方面优化：一是将内部审查制度与外部评价机制相结合，对政府首席数据官履职行为的合规性与专业性进行考核；二是完善政府首席数据官培训体系，建立全国统一命题、统一组织的首席数据官考试制度，设立大数据法律法规与业务规范、大数据分析与决策、系统实操等考试科

---

① 王东方.政府数据开放视域下政府首席数据官制度的必要性及其构建［J］.中国科技论坛，2022（07）：140-146+177.

目，把首席数据官的考试成绩纳入考核体系。[①]

当前，一些地区也出台了相关的首席数据官工作考核的标准，如达州（见表5-1）出台了工作评价表，从日常履职、数据统筹、数据共享开放、数据质量管理、数据创新应用、第三方评估等方面对当地首席数据官的工作进行考核。

表5-1　达州市首席数据官工作评价表（案例）

序号	项目名称	工作内容	评价分值	得分
1	日常履职（10分）	按时参加首席数据官相关培训和会议，积极参与数字政府各类交流与讨论活动，组织开展数据相关法律法规宣贯活动，宣传推广我市数字政府改革举措和典型经验，不断提升数字政府的公众认知度和社会应用水平。	5分	
2		制订本地本部门工作方案或计划，组织本地、本部门（单位）研究推进、具体实施相关工作。按时上报工作计划和总结，主动向领导小组述职。	5分	

①　张志昌，陈志，胡志坚，苏楠.设立首席数据官，加强数字政府建设［EB/OL］.（2023-02-14）［2023-10-27］. http://www.rmlt.com.cn/2023/0214/665853.shtml.

序号	项目名称	工作内容	评价分值	得分
3	数据统筹（20分）	组织开展本地、本部门（单位）数据普查登记，形成本地、本单位数据资源"一本账"，厘清本部门（单位）自建信息系统和条线信息系统清单，对本地、本部门（单位）数据资源家底清、情况明。	10分	
4		统筹推进本部门（单位）自建业务系统接入达州市城市公共信息服务平台，推动业务系统与城市大脑数字底座相互赋能。	5分	
5		推动本地、本部门信息化项目节约集约建设，减少重复投资，协调解决本地、本部门（单位）信息化项目建设中的重大问题。	5分	
6	数据共享开放（20分）	组织协调内外部数据需求，推动基础数据无条件共享、有条件开放，推动上级部门（单位）数据按属地回流，完成第三批数据共享责任清单和数据回流任务清单。	10分	
7		组织编制本地、本部门（单位）数据资源目录，制订县（市、区）年度数据开放计划，组织开展数据分类分级共享和脱敏开放。	5分	
8		协调推进分管行业、领域的相关机构和企业加强数据资源归集、共享和开放，推动全市数据开放上下、左右联动。	5分	

续表

序号	项目名称	工作内容	评价分值	得分
9	数据质量管理（20分）	推动本地、本部门（单位）公共数据的采集、汇聚、治理、共享、开放、应用、安全和数据资产全生命周期的管理，建立长效更新维护机制，完善数据字典和数据注释，确保数据的准确性、鲜活性、可读性。	10分	
10		组织开展数据质量检查和安全治理，及时响应数据共享开放过程中的数据纠错及权益保护要求。	5分	
11		有效支撑城市大脑和安e达APP建设，数据空值率、错值率有效降低，数据格式转换以及可下载情况有效提升。	5分	
12	数据创新应用（20分）	推进数据开发利用工作，推动公共数据与社会数据深度融合和应用场景创新，成功打造1—2个典型应用示范项目。	10分	
13		建立健全公共数据开放利用工作机制，推动本地、本部门（单位）数据服务事项由城市大脑"数字特区"统一输出。	5分	
14		结合本地区、本部门的数据资源和业务应用基础与特点，推进公共数据授权运营管理，开展数据确权、数据治理、数据交易等特色数据应用研究和探索。	5分	
15	第三方评估（10分）	第三方数据服务机构评估得分。	10分	

二、政府首席数据官的岗位职责

政府首席数据官旨在促进数据共享和透明度，提高数据驱动的决策，同时保护数据机密性和隐私，其岗位职责主要包括以下几方面。

协助数字政府建设。参与制定和组织落实数字政府建设领导小组关于数字政府的决定事项、部署任务。组织制定数字政府发展规划、数据战略规划、标准规范和实施计划；推进政务服务"一网通办"、政府治理"一网统管"和政府运行"一网协同"，打造国际新型智慧城市标杆和"数字中国"城市典范等。

完善数据标准化管理。包括建立完善管理机制，研究制定配套法规制度，编制培育数据要素市场工作实施方案；围绕数据全周期管理，推动数据分类分级、数据目录、数据交易、数据治理、数据安全等标准体系建设；统筹管理数据普查登记、规范采集、加工处理、数据分析、标准规范执行、质量管理、安全管控、绩效评估等工作。

推进数据融合创新应用。统筹协调内外部数据需求，支持多领域数据的联通共享，做好服务"一网通办"、治理"一网统管"的数据支撑，统筹推进数据共享开放和开发利用工作，推动公共数据与社会数据深度融合和应用场景创新，结合各自数据资源和业务应用基础与特点，开展特色数据应用场景探索。探索首席数据官体系在防控工作中的数据支撑、实战协同和联动机制。

实施常态化指导监督。协调解决相关部门信息化项目建设中的重大问题，指导开展信息化项目评审工作，对信息化建设项目的评审、验收进行论证把关，对项目建设是否符合数据资源治理和共享要求拥有"一票否决权"。对数据治理运营、信息化建设等执行情况进行监督，及时发现、制止及纠正违反有关法律法规、方针政策和可能造成重大损失的行为。

加强人才队伍建设。各级政府、试点区政府首席数据官负责推动本级数据运营机构建设，组织开展本级数据技能与安全培训工作。试点部门首席数据官负责推进本部门数据治理及运营团队建设，并组织开展本部门全员数据技能与安全培训，建立本级行业数据专家人才库。

开展特色数据应用探索。各级政府、试点区政府首席数据官要结合各自数据资源和业务应用基础与特点，开展特色数据应用探索。

三、政府首席数据官的技能要求

政府首席数据官在技能方面要进一步加强数据的战略规划思维与决策引导能力，构建数据相关标准的方法论，其技能要求主要包括以下几方面。

战略思维与规划能力。对政府数据工作进行全局的战略规划和布局、配置内外部资源、制定发展目标和战略计划的能力。

领导与组织协调能力。指挥和带领团队成员围绕数据战略规划开展工作、实现数据发展目标。支持、整合内外部资源、协调各方面的关系以促成合作。

数据价值创新应用能力。善于利用新技术、新手段，挖掘数据资产潜在价值，创新数据供需模式，推动数字政务发展。

了解大数据相关技术。推动构建数据分类分级、数据目录、数据交易、数据治理、数据安全等标准体系建设；具备较强的大数据分析能力，包括数据挖掘、数据存储、数据分析、数据反溯和数据监控能力等。

熟悉我国数据相关法律法规。熟悉《中华人民共和国数据安全法》《中华人民共和国个人信息保护法》《中

华人民共和国网络安全法》等相关法律法规，监督企业
数据使用与项目实施是否满足法律合规性，并能敏锐识
别和管理数据安全风险。

第三节 企业首席数据官的职责与要求

一般而言，首席数据官的理想人选是同时具有管理、
技术和领导能力的人才。但是在具体设计首席数据官岗
位时，需要结合不同行业、组织规模及组织需求来确定。
因此，各地政策提出支持企业自主设立职位并遴选聘任
首席数据官、自主设立首席数据官工作机制。

一、企业首席数据官的制度规范

从选用机制来看，企业可根据自身需求自主设立职位
并遴选聘任首席数据官，应当按照公开、公平、公正、择
优的原则，参照企业副总裁级别负责人的选聘任用程序，
采用外部招聘或内部选拔的方式选聘首席数据官。选用

时，要综合测评应聘人员的专业素质和能力，并对其进行试用，确认其具备首席数据官岗位能力。选用后，企业应对照首席数据官的职能职责要求，为首席数据官提供组织机构、岗位职务、人员编制等必要条件。企业应以制度形式赋予首席数据官对企业实施数字化转型战略相关事务的知情权、参与权和决策权，同时注重培养后备人才。

从工作机制来看，企业首席数据官应当设置在决策层，直接向企业经营决策负责人等汇报。企业应组建由首席数据官直接管理的数据人才队伍，并配套开展部门设置、职位职级设置和跨部门协同机制建设，统筹数据战略、数据治理、数据开发利用、数据安全、数据人才、数据文化等工作，推进以数据为关键要素的数字化转型。有条件的企业可设立专职数据管理机构，建设提升企业数据资产化运营能力。

从考核机制看，企业首席数据官考核除可以参照企业副总裁级别负责人的考核标准之外，还应当着重考核其在数据管理和应用方面的工作绩效、履行岗位职责情况以及岗位所需基本能力的熟练程度。同时，将企业首席数据官部门的数据人才队伍业务能力和履职情况的考核评价结果，与企业内部职位调整、薪酬待遇等挂钩，设立奖惩制度。在嘉奖方面，可以面向团队、个人等设立专项奖励等激励机制，探索职级激励、一次性激励、荣誉激励等多种激励形式，对被激励人员在岗位调整、职务晋升、职级聘任时予以优先考虑，加大企业内部宣传力度，提升数据工作的荣誉感和使命感；在惩罚方面，可以建立鼓励数据人才队伍探索创新的容错纠错机制，激发数据创新创业活力。对于因个人失职失误导致重大数据违法事件、数据安全事故等，应依据相关法律法规、规章制度追究相关人员责任。此外，企业应当根据实际情况对工作成效显著的首席数据官予以奖励，并积极鼓励其申报和参加国家、省市层级相关优秀技能人才的评审。

从培训机制来看，企业应支持首席数据官参加各类专业培训、加入相关社会组织参与交流研讨活动，持续提升能力素质和履职水平，面向全员加强数据人才梯队建设，构建分级分类的数据素养与技能培育机制，采用线上线下、训战结合等多种方式，开展理论学习、专题培训、现场体验、交流研讨等活动，激发全员推动数据工作的创造力和执行力。此外，企业可围绕解决数据价值挖掘的关键问题建立知识开发与共享机制，一方面促进企业内部的知识流动，不断提升数据人才队伍岗位胜任力。另一方面推动产业链上下游相关单位之间的知识共创共享和交流合作。

二、企业首席数据官的岗位职责

企业首席数据官是企业有效管理和运用企业数据资产、充分挖掘数据价值、驱动业务创新和业务转型变革的负责人，主要职责包括以下几个方面。

数据战略规划。贯彻落实国家数据发展相关文件要求，根据企业经营性质和自身发展需求，制定企业全域数据架构规划，建立数据治理组织架构，健全业务驱动数据治理的体制机制，全面实现企业数字化管理、数字化运行、数智决策；面向企业数据资产管理与增值，制定全面系统的数据资产管理与价值开发战略，确定企业数据价值开发目标，规划各级目标，确保数据发挥战略性资产的作用为企业战略和业务目标提供支撑。

数据基础建设。统筹推进以数据为核心的企业数字化体系建设，完善支撑"数据收集、数据存储、数据应用、数据传输、数据备份、数据销毁"的基础设施，协调推进数字化系统和平台的建设，夯实支撑数据运行的数字化设施基础。

数据综合管理。构建系统全面的数据资产基础，建立完善数据知识产权登记保护制度，建立健全数据治理体制机制，加强数据标准化管理和质量评估。对内通过数据收集、挖掘、整合等，形成标准化数据产品和服务，对外高效管理企业自有数据及合作伙伴关系，寻求企业外新的数据源，扩大企业数据生态系统，并通过数据共享、交易、流通等，实现数据内外部交互。

数据价值应用。强化数据驱动决策思维，以新的方式组合数据，创新数据应用场景，迭代数据算法规则，挖掘数据价值，谋求新的价值增长点。利用企业内部生产的或外部市场采购的数据产品和服务，优化改进企业经营的各领域各环节，革新企业运行机制、技术工艺、产品服务等，助力企业降本增效。

数据安全保障。识别并管控在数据采集、传输、存储、处理、交换等关键节点的数据安全风险，在企业业务数据化、数据资产化、资产服务化、服务业务化的数据能力建设全流程中，建立企业数据安全防护工作体系和保障机制，负责并监管企业数据质量，遵守国家相关法律法规。

数据人才培养。实施数据人才队伍建设，开展教育培训，打造数据管理人才梯队。为企业构建总体数据分析战略，数据分析驱动业务，追求实现数据价值化，增强企业员工数据资产意识与数据处理技能，营造由数据驱动的企业文化，激发企业决策模式转型。

三、企业首席数据官的技能要求

企业首席数据官需进一步了解本企业的业务状况和所处的行业背景，具备将数据与业务统筹分析的能力，其技能要求主要包括以下几方面。

战略思维和规划能力。熟悉数据领域相关法律法规和政策标准，具备以数据思维谋划企业发展的能力，具备对数据资产管理和应用能力，能够实施数据战略规划、配置数据资源、明确发展目标、制订工作计划等。

领导与组织协调能力。有良好的理解表述和团队领导能力，善于整合各方资源与协调各方诉求，带领数据工作团队，高效执行数据战略任务，推动实现数据价值化发展目标。

数字化建设能力。熟悉大数据、区块链、物联网等新一代信息技术，掌握企业数字化转型相关知识，能够推进数字技术在企业各领域深度应用，能够统筹开展以数据为核心的企业数字化基础建设。

数据资产运营能力。熟悉行业领域相关知识，能够准确判断行业发展趋势，掌握企业内部运行情况，具备数据资产管理能力和数据产品应用能力，能够组织开展数据全生命周期管理工作，能够实施数据产品的价值评估和对外交易，能够推进以数据为主导的企业重大决策、管理优化、技术创新等企业经营活动。

市场洞察研判能力。具备行业发展趋势研判能力，掌握企业数字化发展规律，能够敏锐洞察市场变化，具备对新事物带来的机遇和风险的分析能力，能够防范和规避数据安全相关潜在风险。

第四节　首席数据官面临的机遇与挑战

一、首席数据官面临的机遇

在数字经济时代，数据不仅是生产要素，更是企业成功的关键因素。数据是业务的驱动力，还是策略决策和创新的基础。在由数据驱动的世界里，首席数据官的角色至关重要。首席数据官不仅需要管理和保护数据资产，还需要发掘数据的潜力，以促进创新和业务增长。

企业作为数据生产、流通和使用的重要参与方，拥有海量数据资源，具备广泛数据应用需求。建立首席数据官制度，设置企业首席数据官岗位，是增强企业发展新动能的关键所在，同时也是推动数字经济和实体经济融合发展的重要举措。在数字经济蓬勃发展的大背景下，首席数据官面临着诸多机遇。

1.首席数据官的职业发展机遇

首席数据官在企业最高管理层或仅次于最高管理层的层级中，是负责企业数据相关战略工作的管理者。如果领导团队希望最大限度地发挥具有战略重要性的数据资产的潜力，在高管层面任命首席数据官至关重要。①

---

① 普华永道.数据资产时代首席数据官正在崛起［EB/OL］.（2022-02-07）［2023-10-27］.https://www.strategyand.pwc.com/cn/zh/reports-and-studies/2022/chief-data-officer-is-rising-feb2022.html.

首席数据官已逐渐成为战略决策制定的重要参与者。他们参与企业的战略规划和业务决策，对企业发展发挥着关键作用。这为首席数据官提供了广阔的职业发展机会，他们可以朝着更高级别的领导角色迈进，如成为首席执行官或首席运营官。特别是在金融领域，近几年金融机构逐渐意识到数据资产已经成为可以形成业务洞察及优势的战略资源，战略优势可能聚焦于风险管理、监管合规、销售与营销、产品开发和运营表现等众多领域。因此，为了获得数据中内含的价值，组织需要主动并有效地管理他们企业级的信息资产。相应地，一些机构已经开始任命首席数据官，提出战略指引和落地支持，并保障关键数据的获取及质量。此外，首席数据官们需要以战略视角布局数据生态圈，以适应和推动企业在数字化转型、移动支付、大数据管理、高级分析、区块链、机器人技术、认知学习和自动化领域的快速创新。

同时，首席数据官是数据风险管理的中坚力量，企业更愿意提供具有竞争力的薪酬来吸引和留住高素质的首席数据官。据了解，除工资，企业还会提供股票期权和绩效奖金。PayScale的薪酬分析显示，首席数据官的年薪中位数为178606美元，包括奖金和利润分成在内的总薪酬每年从118000美元到305000美元不等。在国内，首席数据官也被称为"金领"。

2.职业前景广阔

数字经济的影响跨越了各个行业。首席数据官的技能和经验在不同领域中都非常有价值。他们可以轻松跨足不同领域，寻求更多职业机会。无论是金融、医疗、零售、制造还是科技领域，首席数据官都可以找到职业发展的机会。随着数字经济时代的不断发展，首席数据官的职业发展前景非常广阔。他们可以在组织内部不断晋升，成为高级管理层的一员，参与决策并影响企业战略。此外，他们还可以选择进入咨询公司或成立自己的咨询公司，为其他组织提供数据安全咨询和服务。

二、首席数据官面临的挑战

随着我国数据要素市场建设进程加速，首席数据官作为政府和企业数据资源"存、管、用"的核心角色，日益受到关注和重视。然而在实践中，首席数据官仍面临诸多发展难点，导致其职能未能得到有效发挥，一定程度上影响了政企数据战略的实施，制约了数据要素价值的充分释放。

1.职责定位不明确，权责配置不清晰

当前，业界对首席数据官的职责尚未达成共识。梳理当前各地政企首席数据官制度探索可见，有关首席数据官的职能定位和职责范围划定仍然比较笼统，对数据管理的认识尚未从"资源"上升到"资产"层面。部分地方政府和企业对"首席数据官"（CDO）"首席信息官"（CIO）"首席技术官"（CTO）的认识混淆，将首席数据官理解为技术资源的管理者，将其职责设定为内部数据资源的存储、管理和调用，岗位多由数字化部门负责人兼任，导致实际工作中出现与其他数据相关业务部门权责分工不清等问题。应该看到，首席数据官作为推动政企实现数据驱动的责任人，承担着从整体层面规划数据战略、协调内外部数据资源、拓展数据业务、挖掘数据价值、推动数据合规有效利用、保障数据隐私和安全的关键责任，权责配置上应考虑权威性、统筹性和专业性的统一。

此外，目前政府首席数据官的试点范围跨越省、市、

县三个层级，各级、各部门出现如权责事项横向、纵向不统一的情况，如何根据不同地区、不同组织层级设置首席数据官的职责权限，关系着制度能否有效落地，给各地执政者带来考验。

2.数据管理制度不完善，职能运行基础薄弱

从实践来看，我国数据基础制度尚不健全，数据标准、质量缺乏统一规范，产权、安全、流通等机制仍在探索中，目前已有的政策文件以纲领性文件居多，法律法规较少，缺乏可操作性的刚性约束和实施细则，在实践中效力不足，从根本上制约了首席数据官职能的发挥。[①]

政企内部数据质量不高、"数据孤岛"现象仍普遍存在。除了技术壁垒及信息不对称等客观因素之外，数据隐私和安全意识的日益提升，部门之间的业务差异和利益冲突难以消除，导致数据在组织内部很难真正实现有效传递和共享。组织内部和行业层面亟须破除体制机制障碍，统筹推进技术融合、业务融合、数据融合，提升跨层级、跨地域、跨系统、跨部门、跨业务的数据协同管理体系。在

---

① 蒋敏娟.迈向数据驱动的政府：数字经济时代的首席数据官——内涵、价值与推进策略［J］.行政管理改革，2022（05）.

具体业务层面，首席数据官落实数据战略的整体规划，需要与各个部门建立信任和协同关系，积极开展数据培训和交流活动，增强全员的数据意识和数据素养，促进企业内部的数据沟通和共享等，其中涉及复杂的组织和文化问题，还需要付出相当多的时间和努力。

3.岗位投入资金与人力成本承压，资源不足

设立首席数据官岗位需要投入大量资金和人力资源成本，包括工作团队招聘和培训专业人员，采购、维护和运营技术软硬件等，在短期内可能会对政府财政和企业成本造成一定的压力。特别是在全球经济下行压力加剧、外部环境复杂严峻趋势下，一些企业不一定能理解该职位在合规性要求之外的商业价值，低估了组织数据资产和构建数据应用能力所需的努力及时间，会首先选择削减首席数据官岗位的相关预算以降低成本。

应该看到，通过首席数据官岗位撬动组织乃至行业的数字化转型升级，从长远来看可以为政府和企业带来更大的价值。面对岗位可能带来的成本压力，组织应转向做好全面战略规划和优化措施，以有效地应对可能出现的压力和困难。在技术设备方面，寻求更高效、更具

性价比的技术设备和解决方案，提高数据处理能力和效率，降低设备采购和维护成本；在运营方面，制订灵活的预算计划，以应对经济不确定性的影响，同时通过优化组织结构、建立跨部门的协作团队等措施，提高人员的利用率；在人才培养方面，可以增加内部培训，提升现有员工的能力，做好数字化发展的人才储备，同时可以与高校和研究机构协同培养具备大数据技术和管理知识的人才，降低用人成本。

4.岗位综合能力要求高，专业人才匮乏

当前，我国还未形成体系化的政府首席数据官人才培养机制，政府和企业均面临着专业数据管理人才紧缺的问题。首席数据官需要具备强大的战略、决策、沟通和创新能力，以及持续学习和适应的能力，岗位对人才综合能力的要求极高。

总体而言，首席数据官在职业发展过程中面临着数据管理、数据价值挖掘、数据沟通协作以及数据与业务衔接融合等诸多难题，无论对于组织选拔和培养相关人才，还是首席数据官的个人职业成长来说，都是一种挑战。

5.企业数据资产化重视不足

首席数据官一职最早由企业创设，之后逐渐随着数字化发展进入政府领域。政府首席数据官与企业首席数据官的职能在整体上相似，但各有侧重。企业首席数据官更多考虑数据利用的效率和效益，重在推动实现业务价值；政府首席数据官则旨在促进数据共享和透明度，提高数据驱动的决策质量，更多考虑数据发展的责任和安全。[①] 国内首席数据官尚属探索阶段，受政策及环境影响，各机构对于政府层面制度的关注和探索较多，而对于企业首席数据官整体上的研究较少。

在实践中，首席数据官整体面临着诸多发展难点，制约了政府和企业数据驱动的进程。推动首席数据官制度可持续发展，需要进一步提高认识水平、完善制度建设、加强内外协调与合作、重视人才培养，也需要首席数据官自身不断提升知识、技能和经验，以更好地适应行业和社会发展的需要。

---

①　李萌，李朔.不止国外，国内多地也在推行，"首席数据官"究竟有何来头？［EB/OL］.（2022-06-24）［2023-10-27］.https://export.shobserver. com/baijiahao/html/501085.html.

第三篇

数据管理趋势

第六章　探索中的首席数据官工作机制

第一节　政府首席数据官的实践

设立首席数据官制度，统筹数据战略实施、推动数据资源开放共享与开发利用已成为各地政府的共识。北京、上海、广东、四川、湖南、湖北、浙江、广西、江西、江苏、福建等地已经设立了政府首席数据官。

各地方首席数据官的核心目标都是促进数据共享和透明度，提高数据驱动的决策质量，并推动数据发展责任和安全的落实。总结起来，首席数据官的工作内容主要涉及四个方面：一是管理数据，建立数据驱动的创新与卓越文化，利用数据改善城市居民生活质量，提高城市运营效率等。二是负责开放平台建设，引入评估机制，定期评估所开放数据对发展与安全的影响，加强部门协作，消除信息孤岛与数据壁垒，促进部门间数据共享，实现数据标准与格式的统一。三是统筹数据供给，为数据应用场景创新提供支撑，驱动政府决策数据化，利用数据技术支持政府业务活动，提升决策科学水平与数据治理有效性。四是保障数据生产不违反《中华人民共和国个人信息保护法》的规定，避免信息泄露，维护国家安全利益，组织升级数据安全系统，消除系统漏洞、防范技术入侵等。

结合广东、广西、北京等地推出的政府首席数据官制度，可以发现主要从制度建设、工作职责、人才培养、监督与评估等多方面展开。

2021年5月，《广东省人民政府办公厅关于印发广东省首席数据官制度试点工作方案的通知》发布；2022年12月，《广西壮族自治区首席数据官制度试点工作方案》发布；2023年10月，《北京市首席数据官制度试点工作方案》发布。

多地发布的政府首席数据官制度有一定的共性特点。

首先，制度建设方面，政府首席数据官制度的建设基本都是先进行范围内的试点。如广东省在6个部门、

10个地级市等开展试点工作，北京市选取13家市级委办局、各区级政府和北京经济技术开发区作为试点单位等。

制度建设方面还突出首席数据官的工作目标，设置相应的要求。如广西提出强化目标指引，要求在2023年11月底前，建立起完善的首席数据官组织体系、明确的责任体系、完备的制度体系、科学的任务体系，同时积累好经验好做法，为全面推行首席数据官制度奠定坚实基础。

其次，明确工作职责。各地的政府首席数据官制度均明确了首席数据官的职责和工作任务，主要包括推进数字政府建设，统筹数据管理和融合创新、提升指导监督能力等要求。

各地也会根据地方的工作重点和特点，提出特定的任务。如北京市提出"推动数据跨境交易"的要求；广州提出推进公共数据共享开放和开发利用。

再次，建设人才队伍。各地首席数据官制度都有明确的人才队伍建设的要求。如广东省要求培养和人才引进，打造一支高素质的首席数据官队伍；广西要求加强统筹协调，明确队伍结构。

表6-1　部分地区政府首席数据官试点单位

地区	制度建设–试点地区
北京市	选取13家市级委办局、各区级政府和北京经济技术开发区作为试点单位
广东省	包括省公安厅、人力资源和社会保障厅、自然资源厅、生态环境厅、医保局、地方金融监管局等6个部门，以及广州、深圳、珠海、佛山、韶关、河源、中山、江门、茂名、肇庆等10个地级以上市，并由各市再选取有条件的县（市、区，不设区的市可选取乡镇和街道，下同）和市级部门开展试点工作，原则上每市选取不少于3个县（市、区）和5个市级部门
广西壮族自治区	本次试点工作在自治区自然资源厅、生态环境厅、住房和城乡建设厅、交通运输厅、文化和旅游厅、市场监管局等自治区部门，以及南宁、梧州、北海、钦州、百色、河池、崇左等设区市开展

最后，加强监管与评估。各地首席数据官制度提出了加强监管与评估的要求。如广东省要求结合重点工作部署、日常管理等落实情况，由省政务服务数据管理局组织试点地级以上市和省有关部门对首席数据官履职情况进行评价。

【延伸阅读一】

北京市首席数据官实践概况

北京市主要从制度建设、试点推广、数据跨境、人才培养等方面，开展加快全球数字经济标杆城市建设，高度重视推进首席数据官制度构建工作。

加快制度建设。在2023年1月1日正式实施的《北京市数字经济促进条例》中，明确提出"鼓励各单位设立首席数据官"。2023年6月20日，中共北京市委、北京市人民政府印发《关于更好发挥数据要素作用进一步加快发展数字经济的实施意见》，其中明确提出"鼓励企业设立首席数据官，支持发展改革、教育、科技、经济和信息化、公安、民政、人力资源和社会保障、规划自然资源、城市管理、交通、卫生健康、市场监管、政务服务等市级部门和各区开展首席数据官制度先行先试，加强数字治理的领导力建设"。2023年10月20日发布了《北京市首席数据官制度试点工作方案》（以下简称《工作方案》），并在全市政府机关内全面推进首席数据官制度建设。《工作方案》主体分为总体要求、主要任务、保障措施三大部分，包括指导思想、工作目标、试点范围；

建立工作机制、明确职责范围；加强组织实施、完善配套措施、强化总结推广等。《工作方案》选取13家市级委办局、各区级政府和北京经济技术开发区作为试点单位，自行灵活设立首席数据官，职责范围包括推进数字政府建设、加强数据资源管理、提升指导监督能力、提高数字思维素养、促进人才队伍建设等。同时，《工作方案》还鼓励各区级政府在选取有条件的下级单位开展试点工作，积极鼓励各类企业设立首席数据官。

推进先行示范。北京市经济和信息化局积极鼓励北京经济技术开发区率先出台《公共数据管理办法（试行）》，探索建立区域"首席数据官"三级工作机制，形成先行示范。经开区立足大部制改革后跨部门高效协同机制，采用"首席数据官+数据专员+部门联系人"的"三级工作制"建立起上下贯通的数据治理组织体系，由各部门主要负责同志担任"首席数据官"，各部门信息化分管领导担任"数据专员"，同时设立一名部门联系人，共有32个部门单位95人被纳入首席数据官的组织架构中，围绕"数据决策—治理管控—业务支撑"三个维度协同发力，在打通跨部门数据汇聚共享、项目统筹规划沟通渠道的同时，为进一步建立健全符合经开区特色的数字化工作体系奠定良好基础。

推动数据跨境交易。北京围绕建设国家服务业扩大开放综合示范区和中国（北京）自由贸易试验区（"两区"建设）的战略定位，打造以制度创新为引领、释放数据要素潜力、培育数字经济新动能。成立北京国际大数据交易所，建立全国首创集规则、机制、技术于一体的可信数据流通服务体系。设立全国首个数据资产登记中心、首个服务跨境场景的数据托管服务平台，有序推动数据跨境流动。获批全国首个数据出境安全评估案例，通过首家企业个人信息出境标准合同备案。同时，北京大兴国际机场临空经济区联合国家互联网应急中心北京分中心共建了数据跨境安全与产业发展协同创新中心，打造数据安全与治理公共服务平台，以促进数据的安全和合理使用。

加强人才培养。打造政、产、学、研协同的企业首席数据官培育模式，北京市经信局联合市人社局，推动构建企业首席数据官制度，并联合市人社局打造政、产、学、研协同的企业首席数据官培育模式，以培养更多的数据管理和应用人才。

下一步，北京市将适时开展系列宣传培训活动，持续提升各级领导干部数字思维、数字认知、数字技能，加速形成数字经济发展的充沛人才资源，为建设全球数字经济标杆城市提供强大动力。

【延伸阅读二】

广州市首席数据官实践概况

广州市通过建立组织架构、加强培训和人才引进、推进公共数据共享开放和开发利用、加强监督和评估考核等措施来推进首席数据官的工作。

组织架构。作为广东省首席数据官试点城市之一，广州市在2021年便选取33个单位开展试点，形成市、区、县完整的组织架构，确保数据管理和融合创新工作的上下联动和协同发展，并率先建立"首席数据官+首席数据执行官+支撑团队"的组织模式，并在首席数据官议事协调、数字化人才培养、数据融合应用、数据流通创新等方面取得一定成效。

培训和人才引进。通过组织培训、技能提升、人才引进等方式，提升政府内部数字化人才的专业技能和管理水平，构建高效的数据团队；通过召开全市首席数据官联席会议暨队伍数字化能力素养培训会议，进一步提升广州市首席数据官履职能力。培训课程涵盖数据治理、数据架构、数据安全、数据融合等技术和业务知识，具有较强的针对性、指导性。同时，市政务服务数据管理局与广州联通公司签署了《深入推动首席数据官制度实施工作战略合作协议》，创新成立"首席数据官制度研究小组"，发挥政企合作优势，推动广州市首席数据官制度研究探索、人才培养工作机制常态化，共同打造一支具备数字化技术、数字化思维、数字化认知的首席数据官队伍。

推进公共数据共享开放和开发利用。《广州市全面推行首席数据官制度工作方案》要求，要统筹全市数据要素市场体系建设规划和执行落实，探索统一的公共数据运用模式，并加强公共数据与社会数据的供需对接及融合应用。加快发展数据算法、数据加工、数据服务等核心产业，打造数据要素集聚发展区。2022年9月，广州数据交易所挂牌成立，标志广州市数据要素市场化配置改革工作正式开启，围绕数据开放、共享、交换、交易、应用、安全、监管等数据要素全周期，广州数据交易所在全国首创数据流通交易全周期服务，为市场主体提供数据资产登记、交易清结算、信息披露、数据保险、数据托管、人才培训等内容，解决数据供给难、确权难、定价难、入场难、监管难、安全难等关键共性难题。

加强监督和评估考核。为保障首席数据官制度顺利实施，广州市"数字政府"改革建设领导小组办公室建立首席数据官议事协调、跟踪督办、年度述职、考核评估等工作机制，为首席数据官高效履职提供保障。各区、各部门首席数据官围绕工作开展情况、存在问题及意见建议等，每年年底向市首席数据官述职，首席数据官任职期间履职情况的考核评估，将纳入领导班子和领导干部年度考核测评内容。

第二节　企业首席数据官的实践

企业首席数据官的设立，相较于政府首席数据官更早。近年来，部分大型企业设置首席数据官或其他相关职务，并积累了大量的实践经验。与此同时，各地政府也出台相关企业首席数据官的指导意见。2022年10月，《浙江省推进产业数据价值化改革试点方案》发布；2023年6月，四川省企业首席数据官制度建设指南（试行）（征求意见稿）发布；2023年12月，《上海市电信和互联网行业首席数据官制度建设指南（试行）》发布。相关政策的发布，为企业设置首席数据官提供指导和支持。

多地发布的企业首席数据官制度主要从建设原则、职责与任务、能力要求、人才培养、考核措施等多方面展开。

第一，建设原则。各地对企业首席数据官设置的要求，主要基于当地的产业体系和数据发展情况，鼓励各行各业设置首席数据官。如四川提出的企业首席数据官建设原则较为明晰，主要是政府引导、企业主体、权责一致、效益优先。

企业首席数据官制度也需要进行试点才能推广。如浙江指出，企业首席数据官制度在省属国企、大型企业先行开展首席数据官制度试点，鼓励企业设立专门数据管理部门。

第二，职责与任务。各地企业首席数据官设置的职责与任务较为明确。如企业首席数据官的汇报上级等要求。同时，各地企业首席数据官制度对企业首席数据官的基本职责和任务提出了指导意见。如四川提出的企业首席数据官的职责包括：数据系统规划、数据基础建设、数据综合管理、数据价值应用、数据安全保障、数据环境打造。《上海市电信和互联网行业首席数据官制度建设指南（试行）》提出企业首席数据官的职责包括制定企业数据治理战略并推动实施、优化企业数据治理与发展、加强数据合规与安全保障。

第三，能力要求。各地对企业首席数据官提出了基本的能力要求，要求具备一定能力的人才能担当这一职位。如四川提出的企业首席数据官的应当具备能力包括战略规划能力、数字化建设能力、资产运营能力、研判分析能力。《上海市电信和互联网行业首席数据官制度建设指南（试行）》提出企业首席数据官的核心能力和素质应包括战略思维与规划能力、领导力与执行能力、对数据的深刻理解和对行业的洞察力。

第四，人才培养。各地企业首席数据官制度对企业首席数据官均提出了人才培养的要求。注重培养后备人才，并要求进行专业化培训，建立首席数据官人才库等。

第五，考核措施。各地企业首席数据官均有一定的考核要求，对工作职责和任务的完成情况进行监督。如四川提出企业应当对企业首席数据官的工作绩效进行考核。

【延伸阅读】

企业首席数据官的实践

2012年7月10日，阿里巴巴集团宣布，将在集团管理层设置首席数据官职位，负责全面推进阿里巴巴集团成为"数据分享平台"战略。

阿里巴巴集团表示，在阿里内部，"将阿里集团变成一家真正意义上的数据公司"已经是战略共识，而支付宝、淘宝、阿里金融、B2B的数据都会成为这个巨大的数据分享平台的一部分。如何挖掘、分析和运用这些数据，并和全社会分享，则是这个战略的核心所在。首席数据官的主要职责是负责规划和实施未来数据战略，推进支持集团各事业群的数据业务发展。

媒体评论"这是中国国内企业第一次任命真正意义上的首席数据官"。

2012年至今，阿里巴巴的数据业务几经调整，但始终保持对数据的重视，尽管"首席数据官"的职责范围几经变化，但阿里巴巴的数字战略和数据管理推动了我国首席数据官的发展，促进了企业对首席数据官和数据战略的认识。

数据来自业务，反哺业务，并循环往复，蕴含更大能量，形成数据生态，蕴含着无穷尽的可能性，这是阿里对于数据业务的认知。

阿里巴巴集团创立阿里数据中台方法体系，建立阿里巴巴数据建设方法论，在过去十余年间支撑了淘宝、天猫、阿里云等多项业务的快速创新和发展，打造了生意参谋、数据银行、友盟＋数据等一系列被用户广泛使用和业界认可的数据产品。同时，阿里巴巴也开创独特的数据人才发展模式，目前已培养出数十万数据人才，服务千行百业。

2015年底，"阿里巴巴集团2018年中台战略"启动，阿里巴巴数据技术与产品部正是这一"中台"的重要部分，被称为"数据中台"，内核包括两方面：数据的技术能力和数据的资产。"中台战略"就是阿里的各个业务都在共享同一套数据技术和资产。

阿里内部为这个统一的数据体系命名为"OneData"。

在"OneData"体系之下，阿里不断扩大业务版图内的各种业务数据，都按统一的方式接入中台系统，之后通过统一的数据技术服务反哺业务。

据阿里巴巴集团相关负责人介绍"中台更多代表着是一种能力，只有做到了才能称得上是中台，而'双11'这样的大的战役，就是检验这种能力的一次机会。每次'双11'的'战役'，不论是服务商家、媒体还是'店小二'，背后使用的都是统一的平台，是阿里集团内部核心的大数据业务平台"。

数据中台负责了所有数据的采集、加工处理、服务应用等工作，是阿里大数据的基石。数据中台如同一棵大树，业务产生最初的数据，通过大树自身的系统，一步步变成果实、二氧化碳等，又返还给土地、鸟、空气。这棵"树"通过数据采集、计算，提供统一的服务中间件，最后应用到业务中。

在2014年和2015年期间，阿里巴巴成立了一批技术委员会，包括数据委员会和设计委员会，旨在为技术人员提供一个共同的标签和交流平台。

阿里巴巴的数据治理主要分为两个层面：安全合规和基于业务发展的治理。

一个层面是安全合规层面。阿里巴巴在整个互联网数据安全合规方面按照最高的标准进行建设。依托法律法规，阿里巴巴在数据治理方面投入了大量的资源和精力。安全合规一直是数据团队最重要的三个事项之一，任何团队都不可以忽视，哪怕对有些业务有损耗。

另一个层面是基于业务发展的治理层面。例如，如果某个业务今年增长了30%，那么数据治理的成本增速不应超过30%，除非有特别的诉求和明确的目标。阿里巴巴会根据业务的发展情况进行相应的治理，确保数据治理与业务发展相匹配。

第七章 在推动数据安全合规中发挥首席数据官作用

第一节 法律视角：首席数据官助力数据合规

首席数据官能够更加有针对性地制定数据安全策略与政策，建立数据合规框架与流程，监测、评估和预防数据风险，引导企业践行数据保护措施，并与监管机构合作以确保企业合规，保障企业的数据活动符合《中华人民共和国个人信息保护法》《中华人民共和国数据安全法》《中华人民共和国网络安全法》等法律法规的要求。这些措施有助于保护企业的数据资产安全，降低法律风险，维护声誉，提高客户和合作伙伴对企业数据处理实践的信任。

一、制定数据安全战略与政策

1.建立数据安全战略

建立数据安全战略是首席数据官在助力数据合规方面的首要任务。通过树立数据安全意识、对数据进行分类和重要性评估，首席数据官可以确保数据安全战略的全面性和有效性，为企业的数据资产提供可靠保护。

一方面，数据安全意识是数据安全战略的基石。首席数据官首先需要规划好整个企业的数据发展计划，并将数据安全置于首位。此外，还需要加强企业内部各层级员工的培训，以确保每个人都明白数据安全的紧迫性和重要性。

另一方面，数据分类和重要性评估也在数据安全战略中发挥着关键作用。通过将数据按照敏感性和重要性分组，首席数据官可以更好地了解哪些数据需要特别保护。这种分类还有助于资源的合理分配，确保最关键数据得到最高级别的保护。

2.制定数据安全政策

制定数据安全政策是建立数据安全战略之后，首席数据官助力数据合规的第二步。通过明确规定数据的处理方式、隐私权保护、合规性要求等，帮助企业降低法律风险，维护声誉，提高客户和合作伙伴对企业数据处理实践的信任。同时，随着政策的不断更新和调整，数据安全策略也能够确保企业适应法律环境的变化，从而保证数据合规。

首先，数据安全政策应明确规定数据的收集、使用、存储和提供等处理方式，包括确定何时需要获得数据主体同意，以及在数据处理过程中需要采取哪些措施来保护数据的机密性和完整性。政策还应该明确规定数据的保存期限，以遵守法律要求和业务需求。通过明确这些流程，企业可以确保数据的使用符合相关法律法规的要求，从而降低法律风险，确保业务的顺利运营。

其次，隐私政策是数据安全政策的关键组成部分之一。首席数据官需要确保隐私政策明确规定个人信息主体的权利和企业的义务，包括个人信息主体的知情权，即在收集前应向其提供足够的信息，以及让个人主体了解如何行使访问、更正或删除信息等权利。同时，隐私政策还需规定信息泄露时应采取的措施，以及如何通知受影响的个人信息主体和监管机构。这些规定有助于确保个人信息在处理过程中得到合法的保护。

最后，合规性政策也是数据安全政策的一部分，它要求企业严格遵守各类法律法规，其中包括监管要求、数据报告要求和数据泄露通知要求等。首席数据官需要与法务团队紧密合作，以确保政策与最新的法律要求一致。为了确保企业在法律框架内运营，合规性政策应该明确规定数据处理流程和控制措施。

首席数据官需要明确企业收集个人信息的场景，并根据场景在隐私政策中明示个人信息的范围、目的和方式。针对梳理企业敏感信息的使用情况，只有在具有特定的目的和充分的必要性，并采取严格保护措施的情形下，个人信息处理者方可处理敏感个人信息。对于企业需要取得信息主体的同意才能处理相关个人信息的情况，应当确保企业正确履行告知义务，以清晰易懂的语言真实、准确、完整地向个人告知，并取得用户的同意或者单独同意。

互联网企业的首席数据官可以推动企业建立个人信息保护双清单（已收集个人信息清单和与第三方共享个人信息清单），并在APP二级菜单中展示，以便用户查询。披露要求包括已收集个人信息清单应简洁、清晰列出APP包括内嵌第三方SDK，已经收集到的用户个人信息基本情况，包括信息种类、使用目的、使用场景等。

3.细化数据安全措施

细化数据安全措施是首席数据官确保数据在处理和管理过程中得到充分保护的关键步骤。这些措施不仅有助于降低数据泄露和不当使用的风险，还能维护企业的声誉，提高客户和合作伙伴对企业数据处理的信任。通过全面落实安全措施，首席数据官可以确保数据的价值得到最大化，保护企业的核心资产。

首先，数据加密技术是数据安全的核心技术之一。通过采用强大的数据加密算法，首席数据官可以确保数据在传输和存储过程中得到适当的保护。这意味着即使数据在传输中被截获或在存储设备上遭到非法访问，也无法被轻易解密和获取敏感信息。加密技术包括传输层安全协议、硬盘加密和端到端加密等，具体的选择应根据数据敏感性和处理流程来确定。

其次，身份验证和访问控制是授权人员能够访问数据的关键措施。首席数据官需要建立多层次的身份验证机制，以验证用户的身份，并限制他们能够访问的数据，包括使用强密码、多因素身份验证和访问权限管理系统。通过这些措施，企业可以降低内部和外部威胁对数据的风险。

此外，网络和系统安全也是确保数据安全的重要一环。首席数据官应确保网络和系统得到适当的安全保护，包括定期更新和修补漏洞、使用防火墙和入侵检测系统、监控网络流量和系统活动，以及检测潜在的安全威胁。这些措施有助于防止未经授权的访问和数据泄露。

最后，数据备份和紧急恢复计划是数据安全措施中不可或缺的一部分。首席数据官需要确保企业定期备份数据，并建立可靠的紧急恢复计划，以应对数据丢失或损坏的情况，包括制定数据恢复流程、备份存储设备的安全性、定期测试恢复计划等。

首席数据官需要协助企业开展数据出境安全评估及相关工作，判断企业是否为关键信息基础设施运营者，完善数据跨境措施。《中华人民共和国个人信息保护法》第三十八条明确了我国个人信息出境的三条合规路径，或依据该法第四十条规定通过国家网信部门组织的出境安全评估，或按照国家网信部门认可的专业机构个人信息保护认证，或签订国家网信部门制定的出境标准合同。

首席数据官在企业拟跨境传输数据前应充分了解个人信息出境的法律规定、申报要求和流程步骤，向网信部门或者相关认证机构充分展示其在个人信息跨境传输过程中数据治理结构健全、采取的措施有效。在程序上经历合规自查、数据安全机构搭建、认证机构验证、现场审核后，方可完成完整的个人信息出境合规。

二、建立数据合规机制与流程

1.建立数据合规机制

建立数据合规机制是首席数据官在助力数据合规方面的一项关键使命。通过这一机制，首席数据官能够确保企业在遵守法律法规的前提下进行运营，从而实现在数字时代的可持续发展。

首先，数据流程的规划和控制是数据合规机制的核心。首席数据官需要与不同部门合作，了解数据的流动路径，从数据的产生、收集、存储、传输、提供到销毁等各个环节，确保每个环节都符合法律法规和公司制度，包括确保数据采集的合法性、数据存储的安全性、数据传输的加密性等各方面。

其次，数据分类和标记是数据合规机制的核心环节。首席数据官需要协助企业对数据进行分类，以便区分敏感数据和非敏感数据，同时还要辨别不同级别数据的重要性。通过对数据进行适当的标记，可以确保数据在整个处理流程中得到适当的保护和控制，从而降低数据泄露和不当使用的风险。

再次，合规性流程的建立也是数据合规机制的一部分，包括确保数据处理流程符合相关法律法规，如《中华人民共和国数据安全法》《工业和信息化领域数据安全管理办法》及有关标准规范等。首席数据官需要确保企业内部的流程和控制措施与法律要求保持一致，并进行合规性审计，以便及时发现和纠正潜在的问题和风险。

最后，数据合规机制还需要包括合适的监督和控制措施，以确保合规性的持续维护，包括定期的合规性审查、数据合规培训、内部合规报告等。通过这些措施，首席数据官可以确保数据合规机制的严格执行和持续优化。

2. 规定数据合规流程

首席数据官需要细化和规范数据合规流程，确保数据在其生命周期内得到合法、安全且合规的处理。

首先，数据合规流程需要明确规定数据的收集方式。首席数据官应与相关部门合作，确保数据的收集活动遵守适用的法律法规，并提供充分的信息以让数据主体了解其权利和隐私权。流程中也应该包括数据质量控制，以确保数据的准确性和完整性。

其次，数据的存储和传输流程也需要明确规定。首席数据官应确保数据存储在安全的环境中，这包括选择合适的数据中心或云存储解决方案，并采取必要的安全控制措施，如访问控制、数据加密和漏洞管理。数据传输流程应包括使用安全协议和加密技术，以防止数据在传输过程中被非法访问或恶意篡改。

再次，首席数据官还需要对数据处理流程进行明确规定，包括确定谁有权访问和处理数据，以及在数据处理过程中需要遵守的法律法规和内部政策。这些流程应确保数据仅在授权人员的监督下进行处理，并且在处理过程中遵循数据安全和隐私保护的最佳路径。

在与第三方共享用户个人信息时也应合规，企业应当贯彻"知情—同意"原则，充分履行告知义务并取得用户明示同意，严格遵守《个人信息安全规范》中关于个人信息共享、转让的要求，对第三方数据保护能力进行审核，并签订数据共享协议等。

最后，数据销毁流程也是数据合规的重要环节。首席数据官需要确保数据在达到法定或者约定保存时限后能够被安全地销毁或彻底删除，以防止数据的滞留和潜在的泄露风险。这包括确定数据销毁的方法、时间表和做好相关记录，以及遵守相关法律法规的要求。

当涉及数据交易时，数据提供方的首席数据官要重点关注数据接收方维护数据安全的能力，审查数据接收方的相应资质认证、数据安全相关管理人员、数据安全保护措施，以及是否被处罚或者存在相关的司法纠纷等。作为数据接收方需要审查数据来源的合法性，包括收集用户数据的合法性，是否取得第三方授权等。

三、增强与监管机构的协作机制

1.合规性审计

合规性审计是确保企业数据合规的关键工具，是数据管理和数据治理的核心组成部分，有助于企业在数字时代持续合规运营。通过内部和外部审计，企业可以识别潜在的数据合规问题，及时采取措施解决问题。

首先，内部审计是合规性审计的一部分。首席数据官需要定期对企业的数据处理流程和安全措施进行审核和评估，包括审查数据的收集、存储、传输和提供等数据处理方式，以确保其符合相关的法律法规，如数据隐私法、数据保护法和行业法规。审计还应包括对安全措施的评估，以确保数据得到适当的保护。

其次，外部审计也是合规性审计的一部分。首席数据官可以与独立的第三方审计机构合作，进行外部审计。外部审计通常能够提供客观的评估，有助于发现可能被内部审计忽视的问题。这种独立审计有助于提高数据合规性的透明度，同时也可以向外部利益相关者证明企业的承诺。

此外，审计的关键作用之一是发现潜在的违规问题和风险。一旦问题被发现，首席数据官需要采取适当的措施解决问题，并确保类似问题不再发生，包括修改数据处理流程、改进安全措施、提供员工培训以及更新合规性文件等。

最后，审计结果需要记录和报告。首席数据官应该确保审计的结果和建议被详细记录，并向企业领导层和相关部门报告。

2.与监管机构加强协作

与监管机构加强协作是确保企业数据合规性的不可或缺的一部分。这种合作能确保企业了解并遵守适用的法律法规、行业标准和合同义务，同时也有助于维护良好的监管关系。

首先，积极与监管机构保持联系对企业非常重要。首席数据官需要建立和维护与相关监管机构的合作关系，确保企业能够及时了解最新的法规和要求变化。首席数据官需要与数据保护监管机构、行业监管机构以及其他相关机构保持沟通，积极参加行业会议、研讨会和工作组等，了解最新的趋势和实践案例。

其次，在必要时与监管机构积极合作。如果企业发生数据泄露事件或违规问题，首席数据官需要及时、主动向监管机构分享信息，并积极合作解决问题。这种积极的合作态度可以减轻潜在的法律后果，并帮助企业更快地恢复合规状态。

再次，首席数据官还应该参与监管机构的指导和建议过程。积极参与行业标准和合规指南的制定，帮助企业更好地了解监管机构的期望，并根据最佳实践路径来制定数据合规策略。这种参与可以使企业更具可信度，并有助于建立与监管机构的信任关系。

最后，企业应该建立内部机制，以确保与监管机构的协作是协调和一致的，包括指定负责与监管机构联系的联络人，确保及时响应监管机构的请求，并建立内部流程以满足法规要求。

四、监测和评估数据风险

1.监测数据风险

监测数据风险是首席数据官推进数据合规的重要组成部分。通过建立有效的监测机制、数据访问控制、审查访问日志和紧急响应计划，首席数据官可以帮助企业及时识别和应对潜在的数据风险，确保数据在处理和管理中得到适当的保护，同时满足法律法规和合同义务。

首先，建立有效的监测机制至关重要。首席数据官需要确保企业部署了适当的监测工具和技术，以便实时追踪数据的各项活动。包括使用安全信息和事件管理系统（SIEM），以监控网络流量、系统活动、登录尝试和异常事件。监测工具可以帮助企业识别可能的数据安全威胁和异常行为，如未经授权的访问、恶意软件攻击或数据泄露事件。

其次，数据访问控制是监测数据风险的关键环节。首席数据官需要确保企业实施了有效的访问控制策略，确保只有经过授权的员工才能够访问敏感数据。采取适当的身份验证措施，如多因素身份验证等。访问控制还应包括监测和审计数据访问，以便追踪谁在何时访问了哪些数据。

再次，数据访问日志的生成和审查也是监测数据风险的一部分。企业应该记录下所有数据的访问事件，并定期审查这些日志以检测任何潜在的异常活动。这有助于及时发现未经授权的数据访问、异常的数据操作或其他可能的风险事件。同时，审查数据访问日志还有助于企业遵守法律要求，如在规定时限内通知数据泄露事件等。

最后，监测数据风险需要建立紧急响应计划。首席数据官应确保企业有应对潜在数据泄露或安全威胁的计划和流程，包括明确的响应步骤、及时通知数据主体和监管机构的程序，以及负责处理数据风险事件的专业团队。快速响应有助于最大限度地减少潜在损失，降低法律风险和声誉风险。

2.评估数据风险

评估数据风险是确保数据合规的重要一步。

首先，风险评估需要明确潜在风险的类型和来源。首席数据官应与企业的安全专家和法律顾问合作，分析已发生的数据安全事件，以全面了解潜在风险的类型和来源，包括内部员工的不当行为、外部黑客攻击、数据泄露事件等。对不同风险进行准确的分类和识别，有助于采取合适的风险应对措施。

其次，评估风险的可能性和潜在影响是关键的。首席数据官需要确定每种风险发生的可能性以及一旦发生可能对企业造成的影响。这需要首席数据官对数据的敏感性和重要性进行评估，以确定哪些数据可能对企业的运营和声誉产生最大影响。通过定量和定性的评估，企业可以确定哪些风险需要优先处理，以便合理分配资源和采取有效的应对措施。

再次，风险评估还包括对已有安全措施和流程的分析。首席数据官需要审查企业的数据安全政策、访问控制措施、加密技术和紧急响应计划，以确定其是否能够有效防范潜在威胁。如果发现存在缺陷或薄弱点，就需要采取适当的改进措施。

最后，根据风险评估的结果，首席数据官应制订风险应对计划，包括确定哪些风险需要采取紧急措施，哪些可以通过长期的风险管理策略来降低。风险应对计划包括改进安全措施、培训员工、加强监测、建立紧急响应流程等。此外，计划还应考虑到预算和资源分配问题，以确保风险管理的有效实施。

五、引导企业践行数据保护措施

1.开展数据保护培训

通过传达数据安全的核心概念、政策和实践，以及根据员工角色制订培训计划，首席数据官可以帮助所有员工了解并理解数据安全和隐私保护的基本原则，以及他们在日常工作中的角色和责任。

首先，数据保护培训应该涵盖数据安全的核心概念。员工需要了解敏感数据的定义，以及其在企业中的重要性。培训应解释数据泄露的潜在后果，包括法律责任、声誉损害和经济损失等，使员工理解数据保护的重要性。

其次，培训应该介绍企业的数据安全政策和实践。员工需要了解哪些行为是合规的、哪些是不合规的，包括如何处理敏感数据、如何安全地传输数据、如何使用加密工具等。培训还应强调密码管理、弱密码的风险以及多因素身份验证的重要性。通过具体指导，使员工可以在日常工作中采取适当的措施来保护数据安全。

再次，数据保护培训还应该根据不同的角色和职责进行定制。不同部门和岗位的员工可能需要不同程度的培训，以满足他们在数据保护方面的具体需求。例如，技术人员可能需要更深入的培训，而非技术员工可能只需要基本的数据安全培训。这种个性化的培训有助于确保每个员工都能够理解并应用数据保护的原则。

最后，培训计划应该是持续的。数据安全和隐私保护是不断演变的领域，新的威胁不断出现。因此，定期更新培训内容是至关重要的。此外，定期的数据保护培训可以帮助员工保持警觉性，加强对数据保护的责任感。

2.推广数据保护实践

推广数据保护实践对确保数据合规至关重要。数据保护不仅是法律法规的要求，也是企业的道德责任，对业务成功至关重要。通过建立数据保护文化、奖励和认可员工、建立反馈机制以及使用技术工具支持实践，首席数据官可以确保数据安全和隐私保护成为企业的核心价值理念，每个员工都积极参与并将数据保护视为自己的责任，融入日常工作中。

首先，建立数据保护文化至关重要。首席数据官可以通过内部宣传、员工培训和内部沟通来强调数据保护的重要性，包括明确道德责任，并强调数据安全和隐私保护与企业成功和声誉保护密切相关。通过明确传达数据保护的重要性，使员工积极参与数据保护实践。

其次，首席数据官可以通过奖励和认可机制来鼓励员工遵守数据安全政策，可以采用表彰积极参与数据保护的员工，或者设立奖励计划以激励员工积极参与等形式。奖励和认可可以根据员工的贡献程度和创新性来分配，以鼓励更多的员工参与数据保护实践。

再次，建立反馈和报告机制也是推广数据保护实践的重要手段。企业应设立员工匿名报告安全问题或提出改进建议的渠道，以便及时采取行动。首席数据官可以设立专门的报告渠道，并确保员工了解如何使用这些渠道。通过建立有效的反馈机制，企业可以更快地发现潜在的数据风险并采取措施解决问题。

最后，首席数据官可以使用技术工具来支持数据保护实践。例如，实施数据丢失预防（DLP）技术可以监测和阻止敏感数据的不当传输，从而降低数据泄露的风险。此外，强化数据分类和标记，使员工更容易识别和处理敏感数据，也是有效的实践。

第二节　首席数据官促进数据密集型行业发展

从行业视角看，首席数据官发端于数据密集型行业，如金融、电信、平台经济、智能制造等，然后随着传统行业的数字化转型与数字产业的市场化深度融合，首席数据官逐渐延伸到了所有行业，包括以政府为主的公共部门和以企业为主的私人部门，都在要求或尝试设立首席数据官。

一、中国首席数据官的发展历程

数字原生企业的业务与数据高度相互依赖，企业内部对于数据资产价值的认知远高于其他企业，因此也成为首席数据官群体发展的沃土。从数据管理能力成熟度模型（DCMM国家标准）贯标评估结果上同样能得出类似的结论。截至2023年10月，共计69家企事业单位获得DCMM量化管理级（四级）、优化级（五级），其中62家为国、央企或事业单位，仅有7家民营企业。从行业分布上来看，主要集中在通信（20家）、能源电力（20家）、金融（13家）、IT（12家）等行业，核心原因是通信、能源电力、金融、IT等行业为数字原生行业，数据管理能力较强。从全部贯标评估企业上看，情况则有些变化，IT行业占比最多，为38%；制造业占比其次，接近30%，可以看出各制造业企业已开始挖掘培育释放数据要素价值。另有广东省政务服务数据管理局、重庆市规划和自然资源信息中心等9个政府部门、事业单位开展DCMM贯标评估。

二、中国首席数据官的应用现状

从应用看，大多首席数据官当前的重点任务仍然是满足组织内部繁复的数据需求。无论哪个组织,首要的任务就是生存,最直接的衡量指标就是收入和利润。数据作为生产要素,其最终的目标是成为生产力,创造产值。因而首席数据官首先面临的问题往往是来自CEO的提问:"数据的价值如何衡量?"以及申请立项时CFO的质询:"数据类项目的投入产出比是多少?"各类技术在形成成果进行转化之前,研发、设计等均是毫无产出的前期投入,难以衡量其价值和投入产出比。数据亦是如此。原始数据经过复杂的加工处理,变成数据产品之后,才能对内支撑业务、对外进行交易流通。经过对多位企业首席数据官的访谈以及对北京、上海、深圳、贵阳等数据交易所的调研发现,目前能上市交易的数据仍然占比极少,且交易受限非常大。而在各企业数据相关部门支撑企业内部业务时,数据团队仍是纯服务、支撑的角色,核心工作内容也因行业的差异而迥异。比如金融业因法律约束、监管机构要求等因素,其核心工作重点在于数据安全、数据治理、报送数据质量等方面;能源电力、电信、互联网等行业因业务与数据高度相关,其核心工作重点在于如何做好数据技术研发,充分利用大数据技术,支撑业务流程,满足不断提升的用户要求。因此结合行业特点、企业数字化发展程度等条件，可以把首席数据官的重点应用建设分为数据生态与交易（数据交易相关企业）、数据资产与运营（数据资产较为丰富且已形成可交易的数据产品相关企业）、数据安全与合规（监管较为严格的行业）、数据产品与算法（数据技术能力较强相关企业）、商务智能与数据分析（满足内部业务需求）、数据治理与数据基础平台（夯实数据基础建设）等六大方向。从数据应用发展的视角上，又可以分为简单的统计汇总、结合业务的分析挖掘、面向决策的决策支持、业务数据一体化的业务数字化、数据成为核心业务的数字业务化5个层面。

另外，从数据要素发展的全视角，首席数据官的职责还应该加上数据战略制定、数据文化建设、数据资源采购、数据产品研发、数据产权登记、数据产权保护、数据交易市场拓展、数据项目管理、数据人员培养等具体内容。首席数据官们应该结合行业特点以及企业实际情况，选择合适的切入点开展工作。因此，以高质量发展的视角，我们认为首席数据官最应该具备的能力包括数据战略规划、数据价值创造、数据业务模式创新、数据应用场景开发、数据组织与文化建设、数据变革、数据人才队伍建设、数据安全与合规、数据分析与挖掘、数据治理与数据平台建设等，这样才能帮助组织实现业务数字化，迈向数字业务化，最终实现利用数据创造收入、实现营利的目的。

三、中国首席数据官在各行业的应用与展望

数字产业创新研究中心发布的《2021中国首席数据官白皮书》显示，首席数据官关键工作是数据推动业务持续增长，金融行业有72%的企业已经将数据应用赋能业务，在数据分析与应用程度方面处于头部行业；医疗行业有62%的机构实现数据赋能业务，排在第二位；零售行业排在第三位。

另据2023年《普华永道中国首席数据官调研报告》，截至2023年2月，全国已有近百名政府首席数据官和近千名企业首席数据官，设立首席数据官的行业主要集中在金融、电信、平台经济、智能制造等领域。

1.金融行业的首席数据官

金融行业是启动首席数据官比较早的行业之一。早在

2018年5月，原银保监会发布的《银行业金融机构数据治理指引》就提出，银行业金融机构可根据实际情况设立首席数据官。首席数据官是否纳入高级管理人员由银行业金融机构根据经营状况确定；纳入高级管理人员管理的，应当符合相关行政许可事项的要求。从目前实际情况看，不少中小型城市商业银行已经设立了首席数据官，如河北银行、承德银行、顺德农商和台州银行等。在大型银行和股份制银行中尚未设立首席数据官职位。New Vantage Partners公司2023年报告显示：参与调研的企业中，金融服务业占57.3%，5年前该比例为77.2%，这表明首席数据官岗位已经从金融行业一枝独秀向百行千业快速渗透。另外，普华永道2023年调研结果同样说明：设有首席数据官或类似管理岗的企业中，金融行业排名第一，占51.5%，主要原因是金融服务业面临更严格的监管，必须有效使用数据进行报告、确保合规。《2023中国首席数据官调研》也印证了金融业首席数据官的重要性，相关数据表明金融业的首席数据官数量或类似管理岗的数量保持领先，该行业的数据治理水平也相对领先。

2. 电信行业的首席数据官

上海市电信和互联网行业推出的《首席数据官制度建

设指南（试行）》，是电信行业的一个标志性事件，也是让人非常期待的一项推进首席数据官的大举措。2023年6月，该指南明确"通过在本市电信和互联网行业试点建立首席数据官制度，将数据战略引入自身的日常管理运营，指导行业全面统筹数据开发、利用和安全，引导企业构建、激活数据管理能力"。从这份指南的任务要求看，电信行业的首席数据官制度至少包括：第一，企业首席数据官岗位应设置在企业最高管理层，应为高级管理团队中分管数据治理的管理人员。第二，企业首席数据官的主要职责是制定企业数据治理战略并推动实施，优化企业数据治理与发展，加强数据合规与安全保障。第三，企业首席数据官应该具备战略思维与规划能力、领导力与执行能力、对数据的深刻理解和对行业的洞察力。

3.平台经济的首席数据官

平台经济是典型的数据密集型行业，平台企业普遍设有首席数据官职位。

在当前数据驱动的时代，随着数据量不断增长和数据应用场景不断扩展，平台首席数据官的职责也日益多元化和复杂化。未来，随着数据技术的不断发展和数据治理的不断完善，平台首席数据官将在平台数据战略规划、数据价值挖掘和数据风险管理等方面发挥更为重要的作用，成为推动平台数据驱动发展的关键角色之一。

4. 智能制造的首席数据官

智能制造的首席数据官是负责制定和实施智能制造数据战略的高级管理人员，通常负责管理和监管公司的数据资源、数据治理、数据分析、数据挖掘、人工智能和机器学习等领域的工作。2022年，汕头市工业和信息化局会同汕头市智能制造产业协会，组织开展汕头市首批企业首席数据官示范建设工作，鼓励企业设置首席数据官岗位，建立企业数据管理组织架构和专门团队、开展数据治理、数据增富、数字增值、数据安全、数据人才等工作。例如，仙乐健康科技股份有限公司是入选设立首席数据官的企业之一，其在数字化灯塔工厂建设上初见成效，代表大健康行业标杆的全过程无人智能物流中心建成，从研发到制造无缝衔接的结构化工艺数据魔方成功落地，实现计划到生产端到端全集成的整体解决方案和工厂应用智能运维方案先后顺利投产。这表明智能制造的首席数据官在推动企业数字化转型、智能化发展中扮演重要角色。

四、首席数据官的行业前景

随着宽带物联网的成熟、5G广泛商用、AI大模型的爆发，数据生产、流通、使用以及再创造将呈现几何级数增长，数据的价值和意义将会在所有行业中不断提升。在"一切业务皆可表达为数据"的时代，无论是政府还是企业，都应充分认识到建立首席数据官制度，是数字时代公共治理与企业管理的必选之项。

综合已有行业首席数据官的情况以及多家智库的研究成果，我们认为中国的首席数据官职业会呈现"总体趋势看好，行业差别较大，政府需求刚性，企业需求弹性比较大"的态势。

从私人企业看，参考普华永道思略特（2021）的调查看，设立首席数据官的企业准入门槛为：员工人数过万人、年销售额超360亿元。从全球实际情况看，员工人数超过20万人的企业，任命首席数据官的为48%；年销售收入超过360亿元的企业，任命首席数据官渗透率为38%。参考国内已经开始推进首席数据官的地方政府情况，属地人口超过500万人、年GDP超过5000亿元，一般都具备设立首席数据官的门槛条件。按此推算，中国符合设立首席数据官的企业应该在1万家左右（包括国有企业和民营企业），符合设立首席数据官的地方政府及部门应该在1000家左右。

从行业分布看，金融、电信、平台、智能制造这些数据密集型行业仍然是设立首席数据官的主力，其他行业随着数字化转型速度的加快，会逐渐增加对首席数据官的需求。政府设立首席数据官的规模达到一定普及度之后会进入零增长或低增长，而企业需求则受整体经济数字化进程以及经济景气循环情况影响，具有很大的弹性。

第三节 首席数据官引领企业数据素养提升[①]

首席数据官所需的能力和知识既综合又专精，涉及

---

① 本节内容参考业内多位专家的观点。

数据法律法规、数据战略规划、数据管理、数据治理、数据安全、大数据技术、数据应用开发、数据交易流通、数据生态建设、数据业务体系建设、数据市场洞察、数据人才培养等。因此首席数据官的培养目标应同时满足四个层面的要求：提升数据管理、数字化等专业能力，注重产学研用深度融合，加强数据相关法律法规普及，开拓市场化能力和国际化视角。

一、数据素养培训

培养首席数据官的第一步是提供充分的数据知识和技能培训。数据在现代企业中扮演着越来越重要的角色，成为战略决策和业务创新的关键驱动力，首席数据官作为负责组织内数据战略和管理的高级职位，需要具备深厚的数据背景和技能，以确保数据能够被充分利用，从而实现组织的战略目标。在从业者看来，首席数据官需要深入了解数据分析、数据科学和信息管理，这可以通过参加在线课程、大学课程以及实习来实现。

首席数据官的设立是地方数字人才团队构建的第一步，完备的首席数据官知识培训体系是首席数据官制度推行的基础。美国政府部门高度重视政府首席数据官的培训，2019年美国国会通过法律明确规定联邦政府的首席数据官应在数据收集、保护、利用、分析、传播和相关技术等各个领域接受培训，并将数据人才和技能的培训列入国家计划。

政府首席数据官培训的理论课程体系由多个模块组成，关键课程主题包括宏观视野、业务实务和优秀案例分析。

宏观视野模块主要介绍国家数据战略、数字经济发展趋势和要求、国内外数据保护法规等内容，培养政策敏感性，把握数据战略发展方向。包括对国家和地方政府数据政策的深入解读，使学员能够理解政府的数据战略和目标。了解国务院"数据二十条"政策举措，了解国家数字经济的整体发展趋势和要求，培养政策敏感性，把握数据战略发展方向，明确政府首席数据官的职责与能力建设的重要性，确立辖内企业建立企业首席数据官制度的方向。应鼓励学员了解国际数据管理的最佳实践和趋势，以借鉴其他国家的经验。

业务实务模块主要讲解首席数据官机制建设与职责解析、数字政府建设、公共数据的开放、管理与应用、数据交易中心与数据交易、个人隐私数据保护、公共数据产权制度探索等内容，提升数据官在数据管理、融合创新、常态化指导监督、数据安全、数据合规等多方面的素养能力，形成对数据要素的体系化认知，学习如何制定和执行数据战略，以满足政府的需求和目标，指导辖内企业建立企业首席数据官制度，监督企业的数据安全应用。

优秀案例分析模块汇聚相关单位的标杆及典型案例，从应用层面探索分析创新模型和落地方法，为探索自身实施路径提供参考。了解相关单位建设政府首席数据官的经验，探索本地区发展道路。除此之外，还可以面向相关政府数据管理人员、数据局负责人等，提供学习交流合作的高端平台，提供视频课程、在线测试、互动问答等功能，方便首席数据官随时随地进行自主学习；也可以通过组织线下研讨会、论坛、沙龙等活动，促进首席数据官之间的交流和分享，拓宽视野和网络；还可以通过聘请研究数据要素的行业顶级专家学者、企业数据管理高层授课，从宏观到微观讲透公共数据、企业数据整合战略及首席数据官知识体系。

现阶段我国公务员队伍中数字化人才储备还不充足，可以通过从社会引入技术人才、加强与高校或智库的咨询合作、引入行业专家及定期培训等方式，逐步提升公务人员的数字素养，为数字治理的进一步转型打下坚实基础。例如深圳首席数据官实施方案提出，由分管数字政府建设工作的行政副职及以上领导兼任首席数据官，但同时也鼓励试点单位以招录聘任制公务员、购买专业服务等方式来辅助首席数据官的工作。从国际经验来看，美国纽约、旧金山等诸多大城市的政府首席数据官积极与外部数据科学专家建立合作伙伴关系，将他们以专家顾问身份加入首席数据官团队，合作确定并解决数据治理中的关键问题与任务需求。

总的来说，政府首席数据官人才培训的课程体系应该涵盖国家和地方的数据政策法规、数据要素制度、首席数据官制度建设、数据安全合规、数据开放管理应用等方面，以及与之相关的技术工具和案例分析。

二、综合技能培养

综合国内外多位业内专家的观点，多样化的技能对于首席数据官来说至关重要，这包括数据战略策划能力、数据分析能力、领导力与沟通技能等。

1.数据战略策划能力

首席数据官应该拥有战略眼光和领导力，他们可以结合多元化的技能和专业知识来制定有效的数据战略，并在组织内部培育数据驱动的文化。首席数据官可以看成交响乐指挥家，乐队中的每位音乐家和乐器都代表着组织数据策略的不同组成部分，首席数据官精心组织一场和谐的表演。就像指挥为管弦乐队设定节奏一样，首席数据官也为组织制定数据战略和愿景，他们决定着数据战略的节奏，确保数据管理、分析和治理与组织的长远目标保持一致。

2.数据分析能力

首席数据官应该同时具备数据能力和分析能力。分析是数据提供价值的方式，首席数据官需要具备良好的数据管理技能，否则将无法获取高质量的数据进行分析。尽管首席数据官和首席分析官是两个不同的职位，但实际上应该由同一个人担任，即一个人应该同时具备数据能力和分析能力。在首席数据官的群体中，不少拥有营销背景的首席数据官从未从事过数据分析工作，在实践中失败的一个重要原因是小看了数据官应该具备的数据分析背景。

3.领导力与沟通技能

首席数据官必须具备卓越的领导力和沟通技能，能够向高层管理者清晰传达数据的战略意义，并促进跨部门协作。领导力使首席数据官能够建立团队的方向和愿景，激发员工的潜力，推动数据战略的实施。此外，他们需要能够与高级管理层和各个部门的领导进行战略性的沟通，将数据的价值传达给非技术人员，促进数据文化的建立。高效的沟通技能有助于首席数据官与不同背景、专业知识和职能的人员建立联系，协调跨部门项目，促进数据驱动决策的实现。

三、突出实战导向

首席数据官人才需要积累实战经验，因为仅仅依赖理论知识无法成功应对复杂的数据管理和战略挑战。首席数据官人才需要通过实际项目积累经验。他们应该亲自参与数据治理、数据质量提升和数据分析等方面的工作，以获得深刻的见解。实战经验使首席数据官更具洞察力，能够更好地理解实际数据环境和业务需求。通过处理真实数据和解决实际问题，他们可以更好地应对数据质量、隐私、安全等挑战。此外，实战经验还有助于建立关键的行业洞察力，帮助首席数据官制定适合特定行业的数据战略。因此，课程培训应该采用理论与实践相结合的方式，注重基础知识的学习，强调案例分析和实战演练，提高学员的综合能力和解决实际问题的能力。

政府首席数据官的培养，不仅限于理论课程，还需要强调实际操作和实地经验，让学员有机会参与真实的数据项目，了解不同领域和部门的数据需求和挑战，学习国内外先进的数据管理和应用经验，与其他学员和专家进行深入的交流和分享，提升自己的专业水平和视野。

实践操作包括实地参观座谈和结业项目。实地参观座谈将组织学员实地参观访问，分享兄弟单位在数据安全、数据确权、数据存储、数据应用、数据交易等方面的经验和案例，这种亲身经历可以帮助学员更好地理解数据管理的实际挑战和解决方法。学员可以研究本地或国际的数据管理案例并提出改进建议；或将学员分成小组，让他们实际参与数据管理项目，从中学习解决问题的能力。结业项目则是指，为学员提供导师指导，要求学员根据所学知识和当地实际情况，设计并提交关于政府首席数据官机制建设或者公共数据开放应用的项目方案。

四、保持持续学习

数据领域不断演进，因此首席数据官必须持续学习。技术、法规、工具、实践等方面都在不断变化，要跟上这个快速变化的领域，首席数据官需要不断更新知识和技能。参加行业会议、研讨会和阅读最新文献是不可或缺的。持续学习使他们能够更好地理解最新的数据科学和分析方法，掌握最新的数据隐私和安全法规，了解新兴技术趋势。同时，持续学习还有助于保持其敏捷性和创新性，以适应新的挑战和机遇。

多方式的持续学习可以帮助首席数据官了解数据领域的最新动态、趋势和案例，与同行交流经验、获取最佳实践、拓展人脉、提升专业水平。无论采用哪种方式，首席数据官都应该保持对数据领域的好奇心和热情，不断探索新知识和新技能，以提高自己的数据素养和领导力。

五、建立评价机制

数据官人才体系的良性发展和循环还有赖于设计良好的人才评价机制。

就原则而言，首先，人才评价体系应该源于数据共享和开发利用以及数据治理和运营的具体实践，而不是脱离实际的空泛理论。这意味着人才评价体系应该与首席数据官的职能定位和工作内容相一致，反映他们在数据领域的专业性和实用性。

其次，人才评价体系应该循序推进，而非追求一步到位。应该根据首席数据官的工作阶段和发展水平，逐步完善和优化，避免因过早设定导致出现过高或过低的标准和要求。目前我国各地首席数据官职能定位仍不清晰，对首席数据官的评价应循序推进，在实践中摸索出切实可行的方法和路径的基础上，再基于工作内容的实用性要素和专业性要素，提炼关键活动和指标，构建科学的评价体系。

再次，人才评价体系应该包括定期和不定期的评价环节和措施，而不是单一或偶尔的考核方式。这意味着人才评价体系应该采用多种形式和方法，如考试、考核、评估、反馈、督导、辅导等，以全面、客观、公正地评价首席数据官的知识、技能、表现和成效。既要考核首席数据官的基础知识和技能水平，也要考查他们在实际工作中的表现和成效。

最后，人才评价体系应该与首席数据官的职级晋升、薪酬激励、职业发展等方面挂钩，而不是与之无关或相悖。这意味着人才评价体系应该形成有效的激励约束机制，使首席数据官能够根据自己的评价结果，得到相应的奖励或惩罚，提升自己的工作积极性和能力。

后记

　　党的二十届三中全会公报，提出了"健全因地制宜发展新质生产力体制机制"的历史性命题。新质生产力需要技术的革命性突破、生产要素的创新性配置、产业的深度转型升级，也催生了全新的人才需求。首席数据官（CDO，Chief Data Officer）作为新兴岗位，通过数据要素的创新性配置实现经济、效益的提升，是数字经济时代不可或缺的数字人才。

　　2023年的一组调查数据显示，首席数据官能够对财务业绩产生积极影响。目前，世界范围内，27%的领先企业已聘用首席数据官，任命了首席数据官的企业收入增长率至少高出5%，在公用事业、房地产和能源等部分行业中，这一差异甚至达到25%。

　　2020年3月30日《中共中央 国务院关于构建更加完善的要素市场化配置体制机制的意见》首次引入"数据

要素"这一概念。党中央把激活数据要素价值，作为提高全要素生产力的重要组成部分。随着我国数据要素价值不断释放，数据相关服务需求将不断加大。例如，专门从事数据交易的第三方服务机构需要对数据进行合规性审查，以降低交易风险；数据产品创新，便于数据流动的实现；将不同数据融合增值为新产品，提供数据开发、交易到使用的一条龙服务，摸索数据要素收益分配机制。首席数据官在这些服务中扮演着至关重要的角色，是数据治理这片蓝海的领头舰队，是政府、企业等各类组织转型落地数字化运营模式的工程师，是提升国家创新体系整体效能的人格化载体。

如何真正站在数据要素市场需求和行业发展的角度，建立起一套数据治理人才激励和人才培养体系，是我们写作这本书的出发点。人民数据作为人民网旗下探索数据的理论和实践的平台，已经为业界开展了多期首席数据官训练营。为了进一步推动首席数据官的理论探索，也希望能将多期首席数据官相关信息分享给业界，人民数据积微成著，编写完成了《首席数据官：理论与实践》一书。

本书的策划和完成，得到了人民网董事长、传播内容认知全国重点实验室主任叶蓁蓁，人民网总办会成员、人民在线董事长万世成，以及人民网财务部主任张煜晓的指导帮助。人民数据董事长、总经理郑光魁，人民数据副总经理、总编辑刘畅，以及人民数据副总经理、副总编辑、人民数据研究院院长陈丽负责本课题的统筹落实。

人民数据研究院组织研究人员参与撰写。具体分工如下：叶德恒、马绮霞撰写第一章，吴汉华、张咏琴撰写第二章，李熠超、和纳、王晓彤、邓思敏、谭琳撰写第三章，刘聪、顾雨薇、李昭彤撰写第四章，唐风、吴海天撰写第五章，李兵兵、白杨、侯鑫淼、常嘉琳撰写第六章，李熠超、和纳、邓思敏撰写第七章。

在此，我们要特别感谢参与本书撰写和研究的业内专家学者，他们分别是浙江大学区域协调发展研究中心研究员房汉廷，国家工业信息安全发展研究中心人工智能所大数据事业部副主任彭文华，北京市大数据中心副主任、教授石志国，北京邮电大学互联网治理与法律研究中心研究员徐运红，阿里巴巴集团副总裁、瓴羊CEO朋新宇，北京德恒律师事务所合伙人、网络与数据研究中心主任张韬。这些跨界专家精湛的专业知识和智慧启迪为本书提供了坚实的基础。

最后，感谢所有关注和支持我们研究成果的读者们。数据治理是个新兴领域，囿于我们目前的实践探索，对其相关论述可能还不够深入，数据领域还有更多亟待探索的空间。希望本书能为数字经济的发展和首席数据官制度的建设提供启发和帮助。